Frank Elstner
Matthias Reinschmidt
Christian Ehrlich

Rettet die Tiere

Frank Elstner, Jahrgang 1942, ist ein deutscher Journalist, Fernsehshowmaster und Entertainer. Die von ihm erfundene Fernsehshow *Wetten, dass..?* machte ihn einem Millionenpublikum bekannt. Frank Elstner erhielt zahlreiche Preise und Ehrungen. Er lebt in Baden-Baden.

Dr. Matthias Reinschmidt, Jahrgang 1964, ist ein deutscher Biologe und Direktor des Zoos Karlsruhe. Einem breiten Publikum bekannt wurde Matthias Reinschmidt durch die Sendungen *Papageien, Palmen & Co.* der ARD sowie *hundkatzemaus* und *Menschen, Tiere & Doktoren* auf VOX.

Christian Ehrlich, Jahrgang 1978, ist Tierfilmer, Produzent und Tier-Experte im TV (*Volle Kanne,* ZDF). Mit seinen Filmen und TV-Auftritten als Experte und Reporter, aber auch mit Social-Media-Aktionen versucht der gelernte Journalist, möglichst viele Menschen für Tiere und deren Schutz zu begeistern.

Frank Elstner
Matthias Reinschmidt
Christian Ehrlich

Rettet die Tiere

Unsere abenteuerlichen Reisen
zu bedrohten Arten
und ihren mutigen Beschützern

Mit 67 Farbabbildungen

PIPER

Mehr über unsere Autorinnen, Autoren und Bücher:
www.piper.de

Von Frank Elstner liegen im Piper Verlag vor:
Bonusjahre
Leben geht durch den Magen
Mehr Power für den Kopf
»Dann zitter ich halt« – Leben trotz Parkinson

Inhalte fremder Webseiten, auf die in diesem Buch (etwa durch Links) hingewiesen wird, macht sich der Verlag nicht zu eigen. Eine Haftung dafür übernimmt der Verlag nicht.

Frank Elstner, Matthias Reinschmidt und Christian Ehrlich haben sich dazu entschlossen, sämtliche Honorare dieses Buches an die vorgestellten Artenschutzprojekte zu spenden. Der Piper Verlag spendete zusätzlich 5000 Euro.

Unser Versprechen für mehr Nachhaltigkeit
• Klimaneutrales Produkt
• FSC®-zertifiziertes Papier
• Hergestellt in Deutschland

FSC www.fsc.org
MIX
Papier | Fördert gute Waldnutzung
FSC® C014889

ISBN 978-3-492-07172-7

Icons: Blatt-Icons bei den Interviews von Pixel perfect – Flaticon; Vignette Koala: getty images/Nataliia Prachova; Vignette Orang-Utan: Designed by brgfx/Freepik; Vignette Hai und Gorilla: Freepik.com; Vignetten Bär, Elefant, Löwe, Nashorn: Designed by macrovector_official/Freepik
Satz: Tobias Wantzen, Bremen
Gesetzt aus der Swift
Litho: Lorenz & Zeller, Inning am Ammersee
Druck und Bindung: Pustet, Regensburg
Printed in Germany

Für unsere Kinder

Andreas, Thomas, Mascha, Lena & Enya
Felix
Verena & Vanessa

Für sie – wie für alle Menschen jüngerer Generationen – müssen wir das weltweite Artensterben stoppen.

INHALT

Vorwort

Jeden Tag sterben 150 Tierarten unwiederbringlich aus, so lauten die Schätzungen von Experten des Nabu. Es sind einzigartige Tiere, die über Jahrmillionen im Laufe der Evolution entstanden sind und die alle eine Rolle im großen Netzwerk der Natur spielen. Das, was die Natur in dieser langen Zeit erschaffen hat, in nur wenigen Jahrzehnten zu zerstören ist eine echte Katastrophe! Natürlich für die Natur – aber auch für uns Menschen. Denn niemand kann sagen, was passiert, wenn bestimmte Arten aussterben. Wer hätte zum Beispiel gedacht, dass die Tötung von geschätzt 100 Millionen Haien pro Jahr dafür sorgt, dass in manchen Regionen Fischbestände einbrechen oder Riffe sterben?

Das Artensterben muss gestoppt werden! Darin sind sich auch eigentlich alle einig – allerdings handeln wir vielfach noch nicht so, dass Mensch und Tier ein Leben im Einklang ermöglicht wird. Um zu zeigen, wie wundervoll die Tiere sind, die wir gerade zu verlieren drohen, reise ich nun schon seit zwölf Jahren für den SWR um die Erde und drehe Filme, die das Publikum, aber auch mich selbst bewegt haben. Ohne meine beiden Mitstreiter, die längst Freunde geworden sind, wäre das nicht möglich gewesen.

Zoodirektor Matthias Reinschmidt hat meine Begeisterung für die Natur gestärkt und mir klargemacht, wie wichtig die Rettung bedrohter Arten ist. Mit Christian Ehrlich haben wir dann einen Tierfilmer gefunden, der durch und durch Artenschützer ist – er erzählt unsere Geschichten mit viel Wissen und Emotionalität. Und so ist es auch in diesem Buch, wie Sie auf den kommenden Seiten selbst erleben werden.

Unsere Reisen sind immer etwas ganz Besonderes. Ich kann nicht verhehlen, dass es immer wieder extrem anstrengend war – ich habe geschwitzt wie nie zuvor in meinem Leben, bin an körperliche Grenzen gestoßen. In den von uns besuchten Ländern gibt es zudem fast nie einen »europäischen Standard«, was die Unterkünfte angeht: In Borneo teilten wir uns mit sieben Personen ein Bad, in Australien übernachteten wir auf Pritschen ohne Matratze, in Uganda musste man ein Feuer anmachen, um warm zu duschen. All das hätte ich mir früher nicht vorstellen können – habe aber gelernt, diese Abenteuer zu lieben. Und ich habe auch gelernt, all das mit Humor zu nehmen. Und so fühlten sich diese Reisen nie wie ein Job an, sondern vielmehr wie eine Art »Klassenausflug«, auf dem auch ganz viel gelacht wurde – trotz oder gerade wegen des oftmals bedrückenden Themas.

Nicht an allen Orten sind wir mit offenen Armen aufgenommen worden, weil dort Menschen viel Geld mit dem Raubbau an der Natur verdienen. Journalisten und Filmemacher wie wir sind da nicht gerne gesehen. Nicht nur einmal wurden uns reichlich Steine in den Weg gelegt – und jedes Mal waren wir drei uns einig, trotzdem weiterzumachen. Manchmal haben wir erst im Nachhinein verstanden, wie gefährlich das war – und auch im Blick zurück muss ich sagen: Das war es wert! Wir müssen die Menschen aufrütteln und zeigen, welche Folgen auch das Verhalten von uns Europäern für die Tierwelt hat.

Die Reisen zu den bedrohten Tieren und ihren Rettern waren aber noch eines: emotional! Wir haben geweint vor Freude und vor Schrecken, wir lagen uns in den Armen vor Glück und stritten auch so manches Mal. Und wir waren immer wieder beeindruckt von den Artenschützern vor Ort, die teils ihr Leben aufs Spiel setzen, um bedrohten Tieren zu helfen – ohne besonders viel Beachtung oder gar Dankbarkeit zu bekommen. Das sind die wahren Helden im Kampf gegen das Artensterben!

In diesem Buch möchten wir Sie mitnehmen auf unsere abenteuerlichen Reisen zu bedrohten Arten und ihren mutigen Beschützern und berichten, was zu tun ist, um Tiere vor dem Aussterben zu bewahren. Aber wir wollen Ihnen auch ein paar Einblicke geben, quasi »hinter die Kulissen« unserer Dreharbeiten, die so ganz anders sind, als man es in dieser Branche gewohnt ist. Es ist ein Buch über eines der brennendsten Probleme der Menschheit, über unsere Faszination für einzigartige Tiere, über grenzenloses Engagement und eine, sagen wir: ganz besondere Männerfreundschaft.

Während ich diese Zeilen schreibe, sitze ich am Ufer des Atlantiks und schaue abwechselnd auf den Sonnenuntergang über dem Meer, in dem wir vor ein paar Stunden Blauwale zu filmen versucht haben, und auf den Ponta da Pico, einen erkalteten Vulkan auf den Azoren, der wundervoll rot leuchtet im Schein der Sonne. Es ist herrlich. Für solche Momente müssen wir weiterkämpfen gegen Wilderei und Umweltzerstörung!

Frank Elstner

EINLEITUNG

Wie alles begann

Von Matthias Reinschmidt

Die blauen Papageien – hier ein Hyazinth-Ara – waren der Auslöser für die Reisen. [1]

Ich saß in einem Aufenthaltsraum im Dachgeschoss des alten E-Werks in Baden-Baden und sollte gleich abgeholt werden, um Frank Elstner kennenzulernen. Der hatte mich für die abendliche Talkshow »Menschen der Woche« aus Teneriffa als Talkgast einfliegen lassen. Der Grund: Einige Tage zuvor, Mitte Mai 2004, ging die »Sensation« durch die Weltpresse. Mir war es als Kurator im Loro Parque, dem Zoo in Puerto de la Cruz auf Teneriffa, gelungen, ein Spix-Ara-Küken zum Schlupf zu bringen. Diese Vogelart war im Jahr 2000 in der trockenen Caatinga, einer Dornstrauchsavanne im Nordosten Brasiliens, ausgerottet worden und seither nur noch in wenigen Exemplaren in Menschenobhut vorhanden.

Seit über vier Jahren hatte ich schon versucht, unser einziges Paar Spix-Aras zur Brut zu bewegen, nun endlich hatte das Weibchen zwei Eier gelegt, von denen eines geschlüpft war. Da sie es aber selbst nicht aufzog, war ich sofort eingesprungen und hatte es in meine persönliche Obhut genommen. Die Aufzucht eines Papageis ist ein 24-Stunden-Job, denn das frisch geschlüpfte Küken, gerade mal zehn Gramm schwer, muss alle zwei Stunden, auch die Nacht hindurch, mit der Futterspritze gefüttert werden. Über diese Rettung sollte ich berichten.

Dieser Spix-Ara sollte von Frank Elstner und Matthias Reinschmidt in seine Heimat gebracht werden. [2]

Dann geht die Tür auf, und ich sehe erstmals den Mann live, der meine Jugend mit seiner von ihm erfundenen Sendung »Wetten, dass..?« geprägt hat. Er war genau so, wie man ihn aus dem Fernsehen kannte: freundlich, höflich, einfach sympathisch – allerdings war Frank etwas kleiner, als ich zuvor angenommen hatte.

»Ich möchte Ihnen nun kurz die Fragen stellen, die wir vorbereitet haben, damit es nachher in der Sendung nicht zu Überraschungen kommt«, sagte er und fing an, mich über die Aufzucht des kleinen Spix-Aras zu befragen. Ich sprudelte förmlich los, aber schon nach der zweiten Frage sagte er: »Ich breche das hier ab, wir brauchen die einzelnen Fragen nicht durchzugehen, ich merke, das läuft schon.« Diesen Pragmatismus sollte ich auf unseren späteren Reisen immer wieder erleben.

Das Interview in der Sendung lief bestens, ich hatte Fotos des kleinen seltenen Vogels dabei und berichtete begeistert über die zeitintensive, aber auch sehr emotionale Arbeit, einen solch raren Vogel aufziehen zu dürfen. Im Nachhinein habe ich von Frank erfahren, dass er fasziniert war, wie ich über die Rettung dieses seltensten Papageis der Welt berichtet hatte. So nahm er auch meine Einladung an, mich einmal im Loro Parque zu besuchen. Allerdings kam es dazu erst vier Jahre später.

Bei diesem Besuch entstand die Idee, gemeinsam eine Artenschutz-Doku über die Blauen Papageien Brasiliens zu drehen, denn inzwischen hatten wir im Loro Parque fünf dieser Spix-Aras aufgezogen, und wir wollten erstmals ein Tier wieder zurück in sein Ursprungsland bringen. Diesem einmaligen Transport, aber auch dem Besuch im ursprünglichen Verbreitungsgebiet des Spix-Aras und dem Lebensraum der beiden anderen Blauara-Arten, dem Lear-Ara und dem Hyazinth-Ara, sollte der Film gewidmet sein.

Frank überzeugte den SWR, unter dem Titel »Elstners Reisen« diesen Pilotfilm in Angriff zu nehmen. Ein Kamerateam des Senders übernahm das Projekt. Ich war sehr gespannt, wie das nun alles werden würde, mit so einer TV-Legende wie Frank Elstner vor der Kamera zu stehen. Für Frank selbst war es auch eher ein unbekanntes Terrain, denn normalerweise steht er – von Stylisten perfekt in Szene gesetzt – im Studio. Jetzt sollte er sich, in Outdoorklamotten gekleidet, mit mir ins Freiland begeben. Da braucht es niemanden, der die Haare macht oder schaut, dass das Hemd gut sitzt, sondern jemanden, der die Natur und die Gefahren bei so einer Expedition einschätzen kann. Ich selbst hatte bei früheren Reisen schon Brasilienerfahrung gesammelt, die mir half, Frank alles zu erklären.

Unser Dreh begann auf Teneriffa, denn just zu diesem Zeitpunkt war ich mit der Aufzucht des fünften Spix-Aras beschäftigt. Ich setzte Frank vor laufender Kamera das etwa zwei Wochen alte Spix-Ara-Küken in seine beiden Hände und »infizierte« ihn dadurch mit meiner Begeisterung für Papageien. Am nächsten Tag reisten wir nicht nur mit einem Spix-Ara, sondern auch mit einem Lear-Ara im Gepäck nach Brasilien.

Der Flug war außergewöhnlich, denn erstmals reiste ich in der Businessclass – dies war den Vögeln geschuldet, denn sowohl Frank als auch ich hatten jeweils eine Transportkiste mit den seltensten Papageien der Welt zu unseren Füßen, und wir achteten sehr darauf, dass unsere wertvolle Fracht gut ankam.

Die ersten Stunden unseres Nachtfluges vergingen sehr schnell, denn wie ich bemerkte konnte sich Frank nicht nur in seinen Talkshows wunderbar auf seine Gäste einstellen, auch ohne Kamera ist er ein höchst interessierter Fragensteller und Zuhörer. Nach vier Stunden Gespräch sagte er schließlich: »Matthias, wir müssen jetzt ein wenig schlafen, aber wenn du heute Nacht aufwachst und rüberschaust, erschrecke nicht, denn ich nehme jetzt mein Glasauge raus.« Frank ist bekennender Glasaugenträger, aber dass er so offen damit umgeht, damit hätte ich nicht gerechnet.

Ursprünglich gab es in Brasilien vier Blauara-Arten, von denen der Meerblaue Ara bereits Anfang des 20. Jahrhunderts ausgerottet wurde. Die anderen drei Arten sind ebenfalls von der Ausrottung bedroht, wobei der Spix-Ara damals nur noch in Menschobhut existierte. Als das Verbreitungsgebiet des Lear-Ara 1978 erstmals entdeckt wurde, waren lediglich noch etwa hundert Exemplare übrig, und auch der größte und beeindruckendste Ara, der Hyazinth-Ara, war in den 1990er-Jahren in seinem Hauptverbreitungsgebiet, dem brasilianischen Pantanal, auf einen Tiefststand von rund 1500 Tieren gesunken. Gerade deshalb war es so wichtig, Reservepopulationen in zoologischen Einrichtungen aufzubauen.

In Brasilien erwarteten uns schon zahlreiche Mitarbeiter der Umweltbehörde, die unsere beiden Papageien sehr gerne entgegennahmen. Mit dabei: Yara Barros, eine Biologin, die uns die nächsten Tage in das ehemalige Verbreitungsgebiet der Spix-Aras, in die Caatinga im Bundesstaat Bahia, begleiten sollte.

Frank und ich saßen also kurz darauf im Jeep, den Yara wie eine gelernte Ralleyfahrerin auf den unbefestigten Straßen steuerte – wir spürten jeden Knochen! Doch es war wichtig, dorthin zu kommen, um zu zeigen, was passiert war: Wir sahen den Baum, in dem der letzte im Freiland erbrütete Spix-Ara von Wilderern 1987 gefangen worden war, um auf dem illegalen internationalen Wildtiermarkt verkauft zu werden. Diese Tat besiegelte das Ende dieser Art in freier Natur. Letztmalig wurde ein frei lebender Spix-Ara am 5. Oktober 2000 gesichtet. Damals waren wir traurig, doch heute gibt es wieder etwas Hoffnung, denn seit Juni 2022 fliegen die ersten acht nachgezüchteten Spix-Aras wieder in ihrem ursprünglichen Habitat der Caatinga. Einer von vielen kleinen Erfolgen für die Artenschützer weltweit, von denen wir in den folgenden Jahren noch viele erleben sollten.

Die Reise zu den Blauaras hat Frank und mich zusammengebracht, gemeinsam haben wir dabei zahlreiche Abenteuer erlebt und bestanden. Daraus erwuchs eine Freundschaft, die bis heute währt. Die Dokumentation über die Blauaras wurde ein großer Erfolg, bis zu unserem zweiten Film dauerte es jedoch einige Jahre, aber als Frank mich anrief und fragte: »Gehst du mit mir nach Borneo zu den Orang-Utans?«, sagte ich sofort: »Klar, ich bin dabei.« Und das war auch die erste Reise, bei der Christian Ehrlich mitkam und unser Team komplettierte.

Inzwischen drehen wir schon die zwölfte Artenschutz-Doku. Nie hätte ich zu Beginn gedacht, dass wir solch eine Serie erschaffen könn-

Sie drehen seit zwölf Jahren Artenschutz-Dokus: Matthias Reinschmidt, Christian Ehrlich und Frank Elstner [3]

ten, die uns in alle Kontinente der Erde zu vielen bedrohten Tierarten bringt und zu Menschen, die sich für deren Erhalt einsetzen. Es war und ist Frank, Christian und mir nach wie vor ein großes Anliegen, die Menschen auf die Bedrohung vieler Tierarten aufmerksam zu machen, denn wir haben schon zu viele auf unserem Planeten verloren. Wir sollten uns alle dafür einsetzen, dass es nicht noch mehr werden!

INDONESIEN

Freiheit für die Orang-Utans

Von Christian Ehrlich

Es war dieser eine Moment, der uns für immer im Gedächtnis bleiben würde von dieser Reise: Wir standen im Regenwald von Borneo, etwa eine halbe Stunde hinter dem kleinen Örtchen Tembak, und beobachteten einen Orang-Utan. Mamat hieß das Tier und war der besondere Liebling von Frank Elstner auf dieser Reise gewesen. Über drei Wochen waren wir unterwegs durch ein in vielerlei Hinsicht erstaunliches Land, um Willie Smits zu begleiten, einen niederländischen Tierschützer, der inzwischen auch in Deutschland unglaublich bekannt ist, weil er über tausend Orang-Utans das Leben rettete. Wir besuchten mit ihm illegale Märkte, auf denen Wildtiere, unter anderem auch Affen, geschlachtet werden, um sie zu verkaufen und zu essen. Wir halfen ihm einige Tage in seinen Auffangstationen, sowohl auf Sulawesi als auch auf Borneo, bei der Versorgung beschlagnahmter Affen – und dabei, ihnen beizubringen, in der Freiheit zu überleben.

Und jetzt war dieser große Moment gekommen. Wir standen mitten im Regenwald und beobachteten Mamat, wie er zum ersten Mal nach einem Ast griff und einen Baum hochkletterte und dabei völlig frei war. Willie hatte so was schon oft erlebt, aber Mamat war auch für ihn etwas ganz Einzigartiges – und für uns sowieso. Frank und Mamat hatten eine Art Freundschaft geschlossen in diesen drei Wochen. Er war der erste Orang-Utan, der direkt auf Frank zulief, der ihm einen Kuss auf die Wange gab, der sich von ihm tragen ließ. All das hatte Frank nicht erwartet – und es hatte ihn berührt wie wenige Tierbegegnungen zuvor. Jetzt durften wir miterleben, wie dieser Menschenaffe, der ein wahnsinnig schlimmes Schicksal hinter sich hatte, endlich frei sein durfte. Das erste Mal in seinem Leben. Wir hatten alle Tränen in den Augen vor Rührung und Glück.

Etliche Wildtiere aus den Regenwäldern Indonesiens sind hoch bedroht.

Mamat war viele Jahre zuvor bei einem Bauern aufgegriffen worden. Willie Smits war mit der Forstbehörde angereist, weil ihm zugetragen worden war, dass dort illegal ein Orang-Utan gehalten wurde. Der Bauer hatte Mamat als winziges Baby von einem Plantagenmitarbeiter gekauft, der für eine große Palmölfirma Hektar für Hektar Regenwald abholzte, um das weltweit begehrte, billige Öl zu produzieren. Mamats Mutter wurde also von dem Plantagenmitarbeiter erschossen. Das ist ein geradezu »üblicher« Weg in Indonesien; auch wenn es für uns absolut grausam erscheint, passiert dies jeden Tag. Mamat wurde danach zur zweifelhaften Freude des Bauern in einen Käfig gesperrt, der in Europa nicht einmal für Kanarienvögel zugelassen wäre, und mit Hühnerfutter gefüttert. Die Bilder, die uns Willie davon zeigte, schnüren jedem halbwegs empathischen Menschen die Kehle zu: Mamat konnte sich sieben Jahre lang nicht mal komplett aufrichten. Und er bekam ebenso lang die Sonne nicht zu sehen.

Diese »Haltung« von Mamat hatte Folgen: Er hatte ein völlig verkümmertes Rückgrat, lief ständig gebeugt, und seine Arme waren größtenteils gelähmt. Willie hatte am Anfang Angst, er würde nur noch wenige Stunden überleben, und trotzdem hatte er für ihn gekämpft. Mit ungewöhnlichen Mitteln: Er organisierte Mamat eine Art Physiotherapie, die über Jahre durchgeführt wurde. Er brachte ihm auf langen Touren bei, was im Regenwald fressbar ist und was nicht. Am Ende war er mit Frank, Matthias und mir im Dschungel, um dem ehemals gelähmten Orang-Utan das Klettern beizubringen. Und jetzt war der große Tag gekommen: Mamat war frei!

Wir alle hatten Gänsehaut vor Freude, standen mit offenen Mündern da und schauten ihm beim Klettern zu – und wie er dabei immer mutiger wurde. Es war ein wunderbarer Augenblick. Ein Tier, das von Menschen so lange gequält wurde, dabei zu beobachten, wie es seine ersten Schritte in Freiheit machen durfte – das ist etwas, was man selten so miterleben kann, und wir alle waren absolut ergriffen. Frank sagte später, das sei die beschwerlichste Reise seines Lebens gewesen, aber für diesen einen Moment, diese wenigen Minuten hätte sich der ganze Aufwand gelohnt.

Und es war wirklich eine beschwerliche Reise und unsere erste gemeinsame noch dazu. Sie begann nach einer anstrengenden Flugreise nach Jakarta im dortigen Zoo. Früher war dieser Zoo einfach nur ein Ort der Freizeitbeschäftigung für die Großstädter der Millionenstadt Jakarta. Doch Willie hatte angefangen, die Menschen dort zu überzeugen, dass sie etwas tun mussten für die Primaten in Indonesien. Und so hatte er nach und nach eine kleine Auffangstation für Orang-Utans aufgebaut. All die Tiere, die hier saßen, waren rund um Jakarta bei Menschen beschlagnahmt worden, die sie irgendwann illegal gekauft hatten. Hier spielen sie nun eine wichtige Rolle: Etwa eine halbe Million Schulkinder werden jedes Jahr durch diese Auffangstation für Orang-Utans geführt, und ihnen wird erklärt, welchen Naturschatz der Urwald Indonesiens birgt und wie wichtig dieser für die restliche Menschheit ist.

Unsere erste Reise begann mit einem großen Fauxpas – der natürlich in unserer Doku nie zu sehen war. Mein Kamerateam und ich waren morgens mit dem Taxi losgefahren, hinter uns ein weiteres Taxi mit Willie, Matthias und Frank. Am Zoo sollte der Auftakt zu unserer großen Reise durch Indonesien mit einem Interview beginnen. Wir stellten also die Kamera bereit, der Ton wurde installiert, Matthias und Frank bekamen jeweils ein Ansteckmikro, und dann sagte der Kameramann: »So, dann jetzt einmal das Stativ hier vorne hin, dass wir im Hintergrund den Eingang vom Zoo haben, und dann geht's auch los.« Unser Tonmann wurde kreidebleich und sagte: »Sag mal, hast du das Stativ mitgenommen?« Der irritierte Kameramann antwortete: »Nee, ich dachte, du hast das mitgenommen.« Wir hatten doch tatsächlich am allerersten Drehtag mit dem großen Frank Elstner das Kamerastativ im Kofferraum eines Taxis vergessen …

Wie uns später berichtet wurde, gibt es im Großraum Jakarta etwa 120 000 Taxis. Und nun versuchten wir, durch einen Anruf bei der Taxizentrale herauszufinden, in welchem Taxi wir überhaupt hergekommen waren – und ob man dieses Taxi erreichen könnte, weil im Kofferraum noch ein teures Stativ liegen würde, das wir dringend benötigten. Frank war »irritiert«, um es mal vorsichtig auszudrücken. Er nahm Matthias zur Seite, und ich hörte ihn durch die Gänge des Zoos leise fragen: »Sag mal, Matthias, können die das wirklich?« Diese Reise startete also eher peinlich – dabei hatte Matthias ein gutes Wort für mich und meine Leute eingelegt …

Matthias und ich waren zu dem Zeitpunkt schon seit vielen Jahren befreundet gewesen, hatten mehrere gemeinsame Filmprojekte umgesetzt, und es hatte immer alles super funktioniert. Was sollte Frank jetzt nur denken? Zu dem Zeitpunkt siezte ich ihn noch, und wir drehten zum allerersten Mal überhaupt zusammen. Die gesamte Connection zwischen uns hatte Matthias eingefädelt: Er hatte mich als Tierfilmer bei Frank vorgestellt, und wir hatten gemeinsam beschlossen, dass wir diese Serie zusammen drehen wollten. Aus dieser Zusammenarbeit wurde schnell eine sehr innige Freundschaft. Doch so weit waren wir damals noch nicht.

Dann geschah das eigentlich Unmögliche: Etwa eineinhalb Stunden später tauchte unser Taxi noch einmal vor dem Zoo auf, und im Kofferraum lag tatsächlich unser Stativ. Völlig überhastet zahlte unser Tonmann die Rechnung dafür – und bis heute hängt die Quittung mit dem indonesischen Firmennamen in einem unserer Büros: »Taxi for Tripod«, zu Deutsch: »Taxifahrt fürs Stativ«, 55 Dollar. Die waren es wert.

Wie bereits erwähnt erfüllt die Auffangstation zwar einen wichtigen Zweck, aber sie wirkte nicht besonders professionell auf uns. Die Käfige waren dunkel, relativ klein, und in jedem saß ein einzelner Orang-

Viele Orang-Utan-Babys verlieren ihren Lebensraum durch Abholzungen für die Palmöl-Industrie.

Utan, der zwar Blickkontakt zu den anderen Tieren hatte, aber dennoch mehr oder minder dauerhaft auf etwa zehn bis zwölf Quadratmetern leben musste. Willie beeilte sich, uns zu erklären, dass dies keine Dauerlösung sei und die Tiere hier nur »zwischengelagert« seien, bis sie endlich wieder zurück nach Borneo könnten – denn dort waren sie gefangen worden. Sie alle waren Opfer des menschlichen Raubbaus an der Natur.

Auf Borneo werden jedes Jahr quadratkilometerweise Regenwälder zerstört, um Palmölplantagen anzulegen. Mehrere asiatische Länder, vor allem China, sind dort sehr aktiv und roden teilweise legal, teilweise illegal den Regenwald, um dort in erster Linie billiges Öl für uns in Europa und in Amerika anzubauen – damit unsere Konsumgüter, von Keksen bis Shampoos, möglichst günstig sind. Darunter leiden müssen nicht zuletzt die Orang-Utans, die ihre Heimat verlieren und nach den Rodungen häufig völlig desillusioniert und irritiert über die gerodeten und abgebrannten Flächen laufen. In solchen Momenten machen die Holzarbeiter in der Regel eines: Sie erschießen die Weibchen, nehmen ihnen die Jungtiere vom Rücken und verkaufen sie. Das ist ein »Nebenerwerb« für diese Menschen, die zugegebenermaßen mit einem fürchterlich geringen Einkommen abgespeist werden. Gekauft werden die Affenbabys häufig von reichen Städtern, die ein ganz »besonderes« Haustier haben wollen und dieses dann gerne als exotisches Statussymbol vorführen. Niemand von diesen Menschen ahnt dabei, dass Orang-Utans irgendwann aggressiv werden, dass sie sich nicht so einfach halten lassen, dass sie auch menschliche Erkrankungen bekommen können, deren Behandlung teuer ist. Sobald es Probleme gibt, wird aus dem »coolen Haustier« vor allem eines: ein großes Problem.

Solche Tiere landen dann teilweise freiwillig, teilweise nach Beschlagnahmungen bei Willie Smits in den Auffangstationen, weil sie aufgrund der unzureichenden Haltung laut werden, randalieren oder sogar aus-

Reinschmidts Tierfakten

Orang-Utans – einer nach dem anderen

Die Orang-Utans sind Weltmeister, was den Zeitraum zwischen zwei Geburten anbelangt. In der Regel gebärt ein junges Orang-Utan-Weibchen im Alter von fünfzehn Jahren ihr erstes Jungtier. Dieses bleibt sehr lange bei der Mutter und wird liebevoll umsorgt und behütet, mindestens sieben Jahre, bevor es sich langsam von der Mutter abnabelt. Es bleibt aber auch weit darüber hinaus im lockeren Verbund mit dieser. Erst nach ungefähr sieben bis neun Jahren gebärt das Orang-Utan-Weibchen ihr nächstes Jungtier. Kein anderes Säugetier weist solch lange Abstände zwischen zwei Geburten auf. Im Laufe ihres Lebens kommt ein Orang-Utan-Weibchen daher auf nicht mehr als vier bis fünf Jungtiere. Umso mehr kann man mit dieser Erkenntnis verstehen, wie groß der Verlust eines Muttertieres wiegt, wenn dieses von Wilderern erschossen wird, um an die Babys zu gelangen, die dann auf dem illegalen Wildtiermarkt als »Haustiere« verkauft werden.

brechen. Solchen Orang-Utans standen wir nun gegenüber. In den grün gestrichenen Käfigen schauten sie uns mit – man muss es so sagen – tieftraurigen Augen an. Es war ein erster extrem bewegender Moment, das galt für uns alle. Ich kannte Frank zu diesem Zeitpunkt vor allem aus seinen großen Shows als jemanden, der sich immer im Griff hatte und auf jede Frage eine Antwort wusste. Hier stand er plötzlich relativ hilflos vor diesen Gehegen und bat darum, dass die Kamera mal kurz ausgemacht wird.

Indonesien war Franks Wunschland gewesen. Er wollte dorthin, seit er in seiner Sendung »Menschen der Woche« einige Jahre zuvor Willie Smits kennengelernt hatte. Dieser war Talkgast bei ihm am Tisch und hatte eindrucksvoll über die Situation der Orang-Utans in Indonesien berichtet. Bei einem gemeinsamen Essen nach der Sendung beschlossen die beiden, sich eines Tages wiederzutreffen. Frank bewunderte Willies Arbeit und versprach, irgendwann einmal nach Indonesien zu reisen, um den Tierschützer zu besuchen und seine Arbeit zu begleiten. Dieser Zeitpunkt war jetzt gekommen – doch Frank hatte sich das alles komplett anders vorgestellt. Es belastete ihn, die Orang-Utans direkt vor Ort zu sehen. Man merkte, wie ergriffen er war, aber er wollte das vor der laufenden Kamera so nicht zeigen.

Erst nach einer längeren Pause konnten wir weiterdrehen, und Willie erklärte uns die Grundzüge seiner Arbeit, die wirklich beeindruckend waren. Über zwanzig Jahre lang machte er diesen Job schon, der eigentlich viel mehr ist als ein Beruf. Man merkte das bei jedem Satz, den Willie sagte. Es war seine Berufung, es war sein Lebenswerk, was wir hier in den nächsten Wochen sehen würden. In der langen Zeit seiner Tierschutzarbeit sah er täglich Schicksale wie die der Orang-Utans, die vor uns saßen. Tiere, deren Mütter erschossen worden waren, die teilweise unter katastrophalen Bedingungen gelebt hatten und über viele Umwege in einer Auffangstation gelandet waren – mit einer oft nur geringen Aussicht, wieder zurück in die Freiheit zu gelangen. Denn man muss ganz klar sagen: Tiere, die so lange in Menschenhand gelebt haben, wieder vorzubereiten auf ein Leben in Freiheit ist kompliziert, und Willie war einer der wenigen in Indonesien, die dies konnten.

Aber er konnte es auch nicht bei allen. Manche Tiere blieben für immer in den Auffangstationen, und gerade bei denen hatte man einen riesigen Kloß im Hals, wenn man sich vorstellte, was Menschen ihnen angetan hatten. Wir alle hatten schon davon gehört und gelesen, dass Orang-Utans stark bedroht sind, und wir alle hatten im Vorfeld des Drehs viel recherchiert. Aber die Auswirkungen auf die einzelnen Individuen zu sehen – live davorzustehen, den Tieren in die Augen zu blicken –, das war etwas völlig anderes! Auf der Rückfahrt merkte man das: Niemand mochte reden, jeder musste für sich verarbeiten, was wir gerade erlebt hatten.

Am nächsten Tag ging es trotzdem direkt weiter. Wir flogen nach Sulawesi, eine Insel, auf der es keine Orang-Utans gibt, außer irgendein Einwohner hatte sie illegal erworben und hierher transportiert. Wir fuhren zu Willies größter Auffangstation in Indonesien und gleichzeitig einer der größten der Welt: das Tasikoki Wildlife Rescue Centre. Es gibt gute Gründe, warum sich diese riesige Auffangstation für beschlagnahmte Tiere ausgerechnet auf Sulawesi befindet, gilt die Insel doch als einer der Dreh- und Angelpunkte des internationalen Tierschmuggels. Und so war es auch nicht verwunderlich, dass die Schockmomente im Tasikoki nicht aufhörten. In den Gehegen lebten unfassbar viele beschlagnahmte Papageien und Sittiche, Affen, aber zum Beispiel auch Babirusas oder Hirscheber (das sind wilde Schweine mit gewaltigen Hauern, die nur hier auf Sulawesi vorkommen) und zwei Orang-Utans.

All diese Tiere hatten die Behörden irgendwann beschlagnahmt, weil jemand sie illegal gefangen und verkauft hatte. Willie zitierte immer wieder, dass jedes Jahr etwa eine Milliarde Dollar damit umgesetzt wird, doch was das wirklich hier vor Ort bedeutet, sollten wir erst später erfahren, und es sollte deswegen noch richtig gefährlich werden …

Zuvor aber schauten wir uns die Tiere im Tasikoki an und halfen den Tierpflegern ein bisschen, sie zu versorgen. Zu unserer – zumindest anfänglich – großen Freude hatten wir Zimmer direkt im Tasikoki bekommen, also quasi mitten im Wald. Wir schauten auf eine wunderschöne tropische Bucht, aber man merkte auch, dass hier schon lange niemand mehr gewohnt hatte: In den Zimmern lebten etliche Tiere, und es war schnell ein Running Gag für uns alle, Wetten abzuschließen, welches Tier denn am Abend, wenn wir zurückkamen, an der Decke hängen oder auf dem Bett sitzen würde.

Für Frank war all das neu. Matthias und ich hatten schon viele Expeditionen ins tropische Ausland gemacht, und deswegen störte es uns nicht, wenn es Kakerlaken in der Dusche gab, eine große Spinne durchs Zimmer lief oder ein Gecko abends an der Decke im spärlichen Schein der Lampen versuchte, eine Motte zu fangen. Frank hatte so was noch nicht mitgemacht. Er war zwar ein weit gereister Mann, hatte un-

Willie Smits rettete inzwischen über 1000 Orang-Utans das Leben.

terwegs aber immer mit einem gewissen Standard gelebt. Hier gab es das alles nicht: Das Wasser war kalt, die Dusche hatte ihre besten Jahre schon lange hinter sich, und zur großen Erheiterung (fast) aller hatte Frank das Zimmer mit den besonders großen Kakerlaken im Abfluss erwischt.

Natürlich half Matthias wie auch auf unseren späteren Reisen immer wieder dabei, dass Frank sich dennoch wohlfühlte. Jeden Abend ging er mit Frank zusammen einmal mit einer starken Taschenlampe durch das Zimmer und leuchtete in alle Ecken, um ihm ein gewisses Maß an Sicherheitsgefühl zu vermitteln: »Frank, alle Tiere sind weg.« Doch als wir am zweiten Abend noch beim Bier saßen, kam Frank aus seinem Zimmer und bat: »Matthias, du müsstest noch mal kommen, da ist eine Tarantel.« Wir guckten uns alle an und dachten: Kann das denn wirklich stimmen? Es stimmte in gewisser Weise, und in gewisser Weise stimmte es nicht. Denn es war keine Tarantel, die er da gesehen hatte, sondern eine ausgewachsene Vogelspinne, etwas größer als ein Handteller. Ein unglaublich imposantes Exemplar, das langsam einen großen Dachbalken entlangkrabbelte. Wir mussten das Tier versetzen, damit Frank in Ruhe schlafen konnte, und das konnte selbst ich verstehen.

Auf Sulawesi erlebten wir zwei ganz besondere Geschichten, die niemand von uns vergessen wird. Die eine war besonders schön, sie geschah im Schutzgebiet Tangkoko. Einer der wenigen Flecken auf Sulawesi, wo der Regenwald tatsächlich ziemlich unangetastet bleibt. Hier leben unter anderem Schwarze Schopfmakaken, eine bedrohte Affenart, etwas kleiner als ein Pavian, die es nur hier gibt.

Wenn man etwas Besonderes sehen will, muss man dafür oft ziemliche Strapazen auf sich nehmen, das war auch in diesem Fall so. Über vier Stunden mussten wir laufen, bis wir zum ersten Mal überhaupt auf Primaten trafen – in einem hohlen Baum entdeckten wir Koboldmakis. Die gehören zu den kleinsten Affen der Welt, werden nur zehn bis fünfzehn Zentimeter groß (zuzüglich Schwanz), haben dafür aber riesige Augen, die uns aus diesem hohlen Stamm wie Scheinwerfer anstarrten.

Eine halbe Stunde später kam dann der große Auftritt der Schopfmakaken. Wir hörten sie bereits aus weiter Entfernung, und der Ranger wies uns darauf hin, dass wir den Tieren nun näher kommen würden und uns dementsprechend ruhig verhalten sollten. Nicht so einfach, denn wir waren eine Riesentruppe: Neben Willie, Frank und Matthias war das dreiköpfige Kamerateam dabei plus zwei Studentinnen und zwei Ranger. Wenn man als Makak so eine Gruppe Menschen übersieht, dann musste man schon etwas falsch gemacht haben. Und genauso war es. Die Tiere entdeckten uns natürlich, lange bevor es umgekehrt der Fall war. Trotzdem schlichen wir uns langsam, aber sicher immer näher an sie heran.

Reinschmidts Tierfakten

Schopfmakaken – Punker des Urwalds

Die lustig nach oben stehenden Scheitelhaare verleihen den Schopfmakaken ein ganz besonderes Aussehen, das an die Punkerfrisuren bei uns Menschen erinnert. Die Affenhaare sind natürlich nicht bunt gefärbt, die gesamte Haar- und Fellfarbe zeigt sich in einem zeitlosen Schwarz (im Alter zunehmend grau). Seit 2015 wird der Schopfmakak auf der Roten Liste der IUCN – das ist die International Union for Conservation of Nature and Natural Resources, eine Nichtregierungsorganisation – als vom Aussterben bedroht geführt, denn der Bestand im Hauptverbreitungsgebiet auf Sulawesi geht immer weiter zurück. Vor allem Lebensraumverlust durch Abholzung sowie der Fang der Tiere, um auf lokalen Märkten als geröstetes Fleisch verkauft zu werden, setzen der Restpopulation erheblich zu. Trotz Verbots des Verkaufs dieser geschützten Wildtiere greifen die Vollzugsbehörden nur selten ein, ist das Affenfleisch doch eine beliebte Feiertagsspeise, die zu besonderen Anlässen gerne in Indonesien aufgetischt wird.

Während alle anderen relativ weit zurückblieben, schnappte ich mir unsere zweite Kamera und versuchte, näher an die Tiere heranzukommen. Ich wollte unseren Zuschauern in Deutschland zeigen, wie liebevoll diese Affen miteinander umgehen, was für ein wahnsinnig spannendes Sozialverhalten diese Gruppen pflegten. Ich wusste, dass das nicht so einfach werden würde, und sagte den Kollegen, ich würde zusammen mit einem Ranger noch etwas länger dableiben.

Etwa eine Stunde später passierte wirklich etwas Erstaunliches. Wir hatten seit dem Abschied von den anderen kein Wort mehr gesprochen – und ich saß blöderweise auf einem Ameisenhaufen –, als sich die Affengruppe plötzlich zu bewegen begann, und zwar in unsere Richtung. Was dann geschah, war deshalb so bemerkenswert, weil diese Gruppe sich offensichtlich bereits an uns gewöhnt hatte. Diese intelligenten Tiere hatten verstanden, dass wir nichts weiter wollten, als ihnen zuzuschauen. Das war ihnen nicht ganz ungeläufig, denn immer wieder kamen Biologen hierher, um die Tiere zu studieren.

Ein junges Männchen kam als Erster in meine Nähe, bis auf drei oder vier Meter, beäugte mich, umkreiste mich und blieb dann die restliche Zeit, die wir in diesem Wald verbrachten, in meiner Nähe. Man hatte fast den Eindruck, als wäre er von der großen, etwa neunzigköpfigen Affengruppe »abgestellt« worden, um auf mich achtzugeben und im Zweifel warnen zu können, falls ich doch Unsinn machen sollte. Machte ich aber nicht, und plötzlich waren wir mittendrin: Egal in welche Richtung wir uns drehten, waren Makaken, die mit ihrem ganz normalen Sozialverhalten beschäftigt waren. Sie putzten sich, die Kleinen spielten, die Großen kümmerten sich um die Reste der eben noch vom Baum geholten Früchte oder schliefen sogar.

Am Ende dieses wahnsinnig beeindruckenden Drehtags säugte ein Weibchen nur drei Meter von meiner Kamera entfernt ihr Kleines, das dann zum Schluss auch noch auf mich zulief. Ein unglaubliches Erlebnis! Und als ich abends Frank und Matthias die Bilder zeigte, saßen sie mit offenen Mündern da.

Die zweite ganz besonders emotionale Geschichte hatte es noch mehr in sich, und leider war sie überhaupt nicht fröhlich. Willie nahm uns mit nach Tomohon, einen Ort an der Küste Sulawesis, dessen Hafen dafür bekannt ist, besonders häufig in den illegalen Tierhandel verwickelt zu sein. Schon die Anreise dorthin gestaltete sich hochgradig

Auch Orang-Utans landen immer wieder im illegalen Tierhandel – wenn sie nicht gerettet werden.

gefährlich, denn das Boot, das Willie für uns gechartert hatte, erwies sich als, sagen wir mal: nicht komplett dicht. Der Kapitän verschwand jedenfalls, nachdem er den Kurs eingestellt hatte, regelmäßig unter Deck und kam mit zwei Eimern Wasser wieder heraus. Diese wurden dann eiligst über Bord gekippt. Auf die Frage von Frank, was er denn da tue, erklärte er, dass er sich lediglich darum kümmere, dass wir nicht untergingen. Ein lapidarer Satz, der Frank natürlich beunruhigte. Trotzdem erreichten wir wohlauf den Hafen von Tomohon und fuhren danach mit Willie zu einem Markt.

Was dann folgte, war für uns alle einer der erschreckendsten Drehtage auf all unseren Reisen. Wir parkten ein wenig entfernt, und Willie bereitete uns auf das vor, was uns vor Ort erwartete: ein Markt, auf dem Fleisch von Affen, Reptilien, Vögeln, Fledermäusen und vielen anderen Tieren verkauft wurde; ein Markt, auf dem Hunde und Katzen vor den Augen der Kunden geschlachtet und mit einem Bunsenbrenner die Felle abgebrannt wurden, um sie dann in Stückchen zerhackt zu verkaufen. Uns allen war natürlich nicht wohl dabei, und wir fragten Willie sofort: »Wie gefährlich ist das denn?«

Unser Tierschützer wollte zunächst nicht mit der Sprache rausrücken. Erst nach langem Hin und Her erklärte er uns, dass das natürlich gefährlich sei, weil jeder Standbesitzer auf so einem Bushmeat-Market bewaffnet sei, aber er sei ja dabei. Matthias, Frank und ich bewegten uns ein Stück weg, um untereinander zu besprechen, wie wir jetzt weiter vorgehen sollten. Zu meiner großen Überraschung sagte Frank: »Leute, wir müssen das machen. Wir sind Journalisten. Wir sind hier, um das zu erzählen. Genau das, was hier passiert, wollen wir der Welt zeigen.«

Ich war wirklich beeindruckt. Ich hätte nie gedacht, dass Frank eine so große Gefahr auf sich nehmen würde, um über diesen Missstand berichten zu können. Matthias und ich stimmten zu, ebenso unser Kamerateam. Dennoch machten wir das Ganze natürlich nicht ohne gewisse Vorbereitungen. Ich organisierte mir mithilfe von Willie zwei Bodyguards, die uns inkognito mit etwas Abstand begleiteten und darauf hinweisen sollten, wenn es besonders brenzlig werden sollte.

Entgegen unserer Erwartung erklärte Willie, dass wir mit offener Kamera drehen sollten. Das bedeutet: Wir nehmen unsere große Fernsehkamera einfach auf die Schulter und gehen einmal quer über den Markt. Er sagte: »Bitte nicht ausschalten, sondern einfach alles mitnehmen. Wir werden keine zweite Chance bekommen. Wir werden irgendwann gehen müssen.« Und dann sagte er diesen Satz: »Wenn ich sage: ›Wir gehen‹, fragt niemand, warum, sondern wir gehen, und zwar schnell.« Spätestens jetzt war allen klar, dass das hier kein Zuckerschlecken werden würde.

Willies Begründung, warum wir mit offener Kamera drehen sollten, war übrigens relativ logisch: Das heimliche Drehen mit versteckten Kameras würde uns von den Menschen hier – wenn sie es entdeckten – als »Betrug« ausgelegt. Dann würden sie ausrasten und vielleicht sogar zur Waffe greifen, weil das ihr Ehrgefühl verletzen würde. Das war für mich verständlich, und trotzdem fühlte ich mich unwohl, als wir die Treppen zum Marktgebäude hochstiegen.

Das, was wir dann zu sehen bekamen, drehte uns den Magen um.

In dem etwa vierhundert Quadratmeter großen offenen Gebäude trat man quasi dauerhaft durch Blut, es klebte unter den Schuhen. Schon am ersten Stand gab es frittierte Katzen. Daneben etwa zweihundert tote Fledermäuse. Kunden konnten auswählen, ob sie nur den Korpus kaufen wollten oder die Flügel oder beides zusammen. Und so ging es weiter: Es gab bedrohte Python-Arten zum Verzehr, nach Metern abgerechnet, Haie, denen die Flossen abgeschnitten wurden, und alle möglichen Vögel, aber – Gott sei Dank – keine Affen an diesem Tag. Trotzdem war all das ein bisschen zu viel für uns. Es war einfach nur schrecklich. All diese Tiere, viele davon vom Aussterben bedroht, brutalst geschlachtet.

Unsere Zeit auf Sulawesi endete mit einem Tierschutzeinsatz. Am Vorabend, wir saßen gerade beim Essen, wurde Willie von der Forstpolizei angerufen. Er half den Behörden häufig, wenn es darum ging, illegale Tierhaltung zu unterbinden und die Tiere dann direkt in eine seiner Auffangstationen mitzunehmen. Jetzt war es wieder so weit. Man berichtete ihm am Telefon von einem Schopfmakak, also genau der Affenart, die wir im Regenwald getroffen hatten. Das Tier sollte angeblich an einer Landstraße in einem Vorgarten gehalten werden, ein einzelnes Tier, angekettet an einem Baum. Als Willie fragte: »Wollt ihr mitkommen?«, waren wir bereits abfahrbereit. Längst hatte uns Willie voll und ganz von der Wichtigkeit seiner Arbeit überzeugt. Wir wollten das, was er macht, in unserem Film wirklich umfänglich zeigen und ließen uns nicht mehr davon abbringen, ihn zu begleiten.

Der bemitleidenswerte Makak war tatsächlich an einen abgeschnittenen Baum angekettet, aber die angekündigte Landstraße entpuppte sich als ausgewachsene »Bundesstraße«. Jeden Tag fuhren mehrere Zehntausend Menschen an diesem Affen vorbei, und das bereits, wie wir erfuhren, seit mehreren Jahren. Was für eine Qual!

Dieser Schopfmakak lebte jahrelang an diesen Baum gekettet.

Der Anblick des männlichen Makaks konnte einen wirklich zu Tränen rühren: Er hatte eine Kette um den Bauch, die ihm angelegt worden sein musste, als er noch kleiner war, denn sie war längst in die Haut eingewachsen. Die riesigen Wunden rund um den Bauch waren eindeutig entzündet. Der Besitzer hieß Jamwa, und zu unserer großen Überraschung ließ er uns in sein Haus, um über den Verbleib des Affen zu diskutieren. Dabei gab es eigentlich nicht viel zu diskutieren, denn die zwei Mitarbeiter der Forstbehörde, die dabei waren, hatten längst beschlossen, das indonesische Recht durchzusetzen – wobei die Anwesenheit eines TV-Teams sicher nicht schadete. Die Haltung von Makaken ist illegal, das ist auch in Indonesien so. Diese bedrohte Tierart darf nicht von Privatpersonen gehalten werden, die Haltung von Wildtieren ist sogar generell verboten. Klar war also: Dieser Affe würde heute Abend Jamwas Garten verlassen.

Im Gespräch stellte sich heraus, dass der Auszug des Affen nicht ganz ungelegen kam, zumindest für Teile der Familie. Jamwas Frau nahm uns nach kurzer Zeit zur Seite und sagte, dass der Affe seit über einem Jahr beißen würde und schon mehrere schrecklich eiternde Wunden hervorgerufen hätte, die auch an Jamwas Händen zu sehen seien. Sie war also quasi auf unserer Seite und redete auf ihren Mann ein, doch jetzt die Chance zu nutzen, den Affen endlich loszuwerden. Und so wurde der Makak ohne größeren Streit von den Tierärzten betäubt und von der Kette geschnitten – und dann ins Tasikoki gebracht.

Was wir zu dem Zeitpunkt nicht ahnen konnten, war, dass es ganze neun Jahre dauern sollte, bis dieser Makak ausgewildert werden konnte. Der Makak, den wir in dieser Nacht befreit hatten, wurde in der Zwischenzeit Anführer einer fast fünfzigköpfigen Gruppe, die 2022 gemeinsam in ein neues Schutzgebiet kam, wo sie eine Keimzelle für die Erhaltung dieser Art in Indonesien bilden. Die Bilder davon drehten wir vor Kurzem, und es war ein erhebendes Gefühl, zu sehen, wie dieser Affe nach so langer Zeit, nach allem, was er erleben musste, zusammen mit seinen Artgenossen zurück in die Freiheit durfte!

Jedes Orang-Utan-Baby in der Station auf Borneo hat seine Mutter an Wilderer verloren. [4]

Das wichtigste Ziel der Reise war aber natürlich Borneo. Mit einer etwas klapprigen Maschine flogen wir auf die westlich gelegene Nachbarinsel Sulawesis. Unser Zielflughafen hieß Sintang, eine kleine Stadt mit damals etwa 60 000 Einwohnern. Wenn man Sintang googelte, fand man zum Zeitpunkt unserer Reise vor allem den Hinweis, dass es der Ort mit der vermutlich höchsten Dichte an Malariamücken weltweit war. Jeder Morgen begann daher mit dem intensiven Auftragen von Mückenrepellent. Wir hatten schon in Jakarta gelernt, dass die literweise aus Europa mitgebrachten Sprays hier in Indonesien eher verpönt waren, weil sie nicht gut funktionierten. Wir ließen uns kurzerhand das einheimische Mittel bringen. Das brannte auf der Haut, und wenn man auch nur einen Tropfen davon in die Augen bekam, konnte man mehrere Stunden nicht mehr vernünftig sehen. Aber es funktionierte tatsächlich: Wir wurden kaum von Mücken gestochen, niemand von uns erkrankte an Malaria, und – man mag es kaum glauben – Frank ereilte auf der kompletten Reise nicht ein einziger Stich!

Frank Elstner & Willie Smits

Frank Elstner:
Lieber Willie, vor zehn Jahren habe ich dich in Indonesien besucht. Die wichtigste Frage zuerst: Wie geht es Mamat?
Willie Smits:
Mamat ist unglaublich: Er ist jetzt ein völlig ausgewachsener Orang-Utan mit imposanten Backenwülsten. Und noch unglaublicher: Er ist Vater von zwei Töchtern. Doch es gibt auch weniger gute Nachrichten: Mamat kann kaum noch etwas sehen, ist fast blind geworden. Er sieht nur, dass jemand vorbeikommt, wenn diese Person ganz helle Kleidung trägt. Klettern ist daher auch schwierig geworden für ihn. So konnte er leider nicht in Freiheit bleiben. Aber Mamat genießt das Leben in der Station, erkennt seine Versorger und mich an der Stimme und lässt sich ab und zu gerne streicheln. Und demnächst bekommt er seine zweite Chance und darf auf eine Insel umziehen, die wir gerade für Orang-Utan-Männchen einrichten. So etwas wie eine »halbe Freiheit«.
Hättest du damals gedacht, dass ich wirklich nach Borneo komme, als du mich in »Menschen der Woche« dazu eingeladen hast?
Ja, das glaubte ich wirklich, denn du warst so authentisch in der Sendung, zeigtest aufrichtiges Mitgefühl. Das hat mir direkt das Gefühl gegeben, dass du ein guter Mensch bist und ein echter Freund – und das hat sich später auch bewahrheitet.

Wie kam es eigentlich dazu, dass du dich ausgerechnet für den Schutz der Orang-Utans eingesetzt hast?

Ich habe mich seit meiner Jugend schon immer für Tiere eingesetzt, aber Orang-Utans sind für mich keine Tiere, es sind Wesen mit einer eigenen Persönlichkeit, hoher Intelligenz und mit Verständnis dafür, was andere denken. Sie haben Empathie, planen im Voraus, und ihre Augen sprechen meine Sprache. Es gibt da so eine besondere Verbindung, wenn ich Orang-Utans direkt in die Augen schaue, dann kriege ich einfach Gänsehaut. Denn sie schauen genauso in deine Seele, wie wir es machen, wenn wir in die Augen von anderen blicken.

Wie hat sich die Situation der Orang-Utans allgemein entwickelt – gibt es endlich Fortschritte beim Schutz der Tiere zu berichten? Wie steht es um die Abholzung der Regenwälder und den illegalen Tierhandel?

Da fällt die Antwort leider nicht sehr positiv aus, lieber Frank. Es werden weiterhin Wälder abgeholzt, die das Zuhause der Orang-Utans sind. Sie werden noch immer gejagt, und die Babys tauchen weiterhin im illegalen Tierhandel auf. Wir sehen zum Beispiel viele Bilder von ganz jungen Orang-Utan-Babys, die vor allem im Nahen Osten als Haustiere gehalten werden. Immerhin: Die Anzahl von beschlagnahmten Orang-Utans nimmt ab.

Wir haben immer wieder gehört, dass es Mordanschläge auf dich gegeben hat, weil mit der Vernichtung der Orang-Utans und ihrer Wälder bis heute unglaublich viel Geld verdient wird. Haben diese Angriffe aufgehört?

Seitdem ich auch als Berater für ein riesiges Unternehmen in der Wiederaufforstung arbeite, gab es keine Angriffe mehr. Die Verbindungen der Eigentümer in Indonesien machen den Kriminellen anscheinend Angst. Das war früher anders: Meine Kritik an den Palmölplantagen und dem Tierhandel sorgte für viel Ärger und Dutzende Mordanschläge. Kein Wunder: Eine Gruppe aus Tierhändlern hat zum Beispiel systematisch versucht, mich aus Indonesien zu verjagen. Das ging so weit, dass sie auf einer Demonstration ein Banner mit »Kill Willie Smits« hochhielten.

Wir haben ja damals mit dir auch ziemlich gefährliche Aktionen gemacht – wie diesen Bushmeat-Markt mit laufender Kamera zu besuchen. Jetzt mal Hand aufs Herz: Wie gefährlich war das wirklich?

Also, getötet wurde da noch niemand, aber es gab Vorfälle, wo Kamerateams angegriffen und ihnen die Kameras abgenommen und vernichtet wurden, Menschen wurden verprügelt und verletzt. Aber die Leute da kennen mich – daher war es nicht ganz so gefährlich für euch.
Wie können wir in Europa dabei helfen, das Überleben der Orang-Utans zu sichern?
Auf Hunderten Wegen: Man kann sich politisch einsetzen für die Umwelt oder Gruppen wie »BOS Deutschland e. V.« und »Lebensraum Regenwald e. V.« unterstützen, die mit Spenden die Schutzprojekte am Leben halten. Und natürlich kann man sich an dir, Matthias Reinschmidt und Christian Ehrlich ein Beispiel nehmen. Durch eure Aufrufe für die »Artenschutzstiftung Zoo Karlsruhe« kamen viele Spenden zur Rettung der Tiere bei uns an. Ohne eure Hilfe und das, was eure Sendungen angestoßen haben, hätten wir es wirklich nicht geschafft, diese schwierigen Corona-Zeiten zu überstehen.
Es stimmt: Matthias, Christian und ich haben in den letzten Jahren immer wieder Geld für deine Arbeit gesammelt. Wofür hast du es eingesetzt? Was konntet ihr genau erreichen?
Erst mal: Danke! Wir konnten weiter Futter und Medikamente kaufen und die Gehälter der Tierpfleger bezahlen. Wir konnten sogar einige neue Anlagen für die Orang-Utans bauen und sind nun in der Lage, mehr Tieren zu helfen. Und wir konnten die arme Bevölkerung motivieren, die Natur zu retten – vor allem durch Bildung.
Ich wünsche dir von Herzen, dass du noch viele Jahre deine wichtige Arbeit weitermachen kannst und so noch vielen Orang-Utans das Leben rettest!

Willies Station in Sintang ist bemerkenswert. Nicht nur, weil sie unglaublich aufgeräumt und sauber wirkt, sondern auch, weil man die Tiere, die dort leben, sofort ins Herz schließt. In einem achteckigen Käfig saßen sechs kleine Orang-Utans, keiner größer als ein Pudel, und alle tranken aus der Flasche. Auf der einen Seite unglaublich niedlich und süß, auf der anderen Seite blieb uns die Freude über dieses Bild, über Baby-Orang-Utans, die ihre Milch bekamen, im Hals stecken. Denn uns war natürlich bewusst, dass es zu jedem dieser Tiere eine tote Mutter gab. Alle diese kleinen Orang-Utans waren Waisenkinder, die hier mühselig aufgezogen wurden. Und mühselig ist gar kein Ausdruck: Alle zwei Stunden bekamen sie Milch. Eine spezielle Milch, die jeweils frisch angerührt werden musste und für indonesische Verhältnisse unglaubliche Mengen Geld kostete.

Teilweise werden über 30 Orang-Utans in der Station gepflegt. [5]

Insgesamt zehn Mitarbeiter kümmerten sich hier auf der Station um die Tiere, und alle, vor allem die weiblichen, waren überrascht über das europäische Kamerateam mit einem Tonmann, der mit zwei Metern Körpergröße fast einen halben Meter größer war als jeder andere Mensch, den sie bis zu diesem Zeitpunkt gesehen hatten. Es muss für Frank schon ein seltsames Gefühl gewesen sein, denn überall, wo wir hinkamen, baten Menschen um Fotos mit unserem Tonmann und nicht mit ihm – aber vielleicht auch ein besonders schönes, sich hier ein wenig inkognito bewegen zu können.

Im hinteren Teil der Station lebte Mamat. Bei der ersten Begegnung mit ihm führte Willie Frank an das Gehege heran, und dann passierte etwas, mit dem niemand gerechnet hatte: Mamat kam zum Gitter, streckte seine Hand raus, nahm die Hand von Frank und streichelte diesen zunächst auf der Hand, später auch im Gesicht, während Matthias danebensaß und von Mamat überhaupt nicht beachtet wurde.

Da war etwas passiert, das wir bis heute nicht genau erklären können. Diese beiden Primaten, Mamat und Frank, schlossen Freundschaft, so nannte es Frank zumindest später immer wieder. Selbst Willie, der immer sehr menschlich über Orang-Utans redet, war beeindruckt. Das hatte auch er so nicht erwartet. Franks anfängliche Scheu und auch Angst, dass dieser so starke Orang-Utan ihn verletzen oder plötzlich

Beim Training erwies sich Mamat als extrem neugierig …

sauer werden könnte, weil er sich falsch verhielt, verschwand nach und nach. Auch er gewann Vertrauen zu Mamat, »seinem« Orang-Utan, den er in den nächsten Wochen begleiten sollte.

Schon am nächsten Tag ging es in den Regenwald. Auf dem Weg dorthin musste Mamat getragen werden, denn es ging über zwei stark befahrene Straßen und über eine kleine, baufällige Brücke, bis wir endlich eines der wenigen verbliebenen Regenwaldgebiete rund um Sintang erreichten. Denn die Region gilt als Zentrum der Palmölwirtschaft. Hier haben alle größeren Rodungsfirmen ein Büro, und von hier aus fahren jeden Tag Hunderte chinesische oder indonesische Arbeiter los, um das nächste Stück Regenwald abzuholzen.

Das sogenannte Klettertraining, was wir an diesem Tag mit Mamat machten, vollendete die Freundschaft zwischen Frank und dem Orang-Utan, denn einen Großteil der Strecke in den Wald hatte Frank ihn getragen, obwohl Mamat zu diesem Zeitpunkt schon gut 25 Kilo wog. Im Wald angekommen wirkte es so, als wollte Mamat ihm im Gegenzug zeigen, was er schon alles konnte: Er kletterte auf Bäume, brachte Blätter, zeigte sie Frank, fraß, und wir konnten ganz tolle Aufnahmen von Mamat bei seinen Streifzügen durch die Bäume machen. Man merkte dem Orang-Utan allerdings noch an, dass er sich in dieser für ihn unbekannten Welt noch nicht ganz sicher fühlte. Kein Wunder: Mamat hatte ja sieben Jahre in diesem winzigen Käfig bei dem Bauern zugebracht. Für ihn war all das neu. Er hatte erst vor wenigen Monaten das erste Mal im Leben einen Baum beklettert, Rinde angefasst und gezeigt bekommen, welche Blätter und Früchte er im Regenwald essen konnte.

Die Bilder von dem Zustand des fast gelähmten Mamat, als er in die Station kam, hatten wir alle noch im Kopf. Umso glücklicher waren wir, als Willie eines Abends zu uns kam und erklärte: »Es ist so weit: Wir können Mamat auswildern.« Und zwar nicht nur, weil er fit genug war und die richtigen Früchte kannte, sondern auch – und das war die größere Herausforderung –, weil die Behörden der Auswilderung zugestimmt hatten. Ein paar Tage später sollte der große Moment nun kommen.

Der Handel mit Wildtieren ist in Indonesien ein großes Geschäft, so wie in vielen Ländern Asiens. Man wird ständig damit konfrontiert. Bei einer kleinen Einkaufstour rund um die Auffangstation entdeckte Matthias – eigentlich wollte er nur eine Cola kaufen – einen Vogelhändler an der Straße. Solche Geschäfte muss man sich komplett anders vorstellen als ein Zoogeschäft in Deutschland. Dieser Vogelhändler hatte eine Bretterbude mit Wellblechdach, die nach vorne und hinten offen war, und bot dort neben Ratten, Mäusen, Meerschweinchen, Wellensittichen und anderen Ziervögeln auch Wildfänge (also in der Natur gefangene Vögel) an. In diesem Fall entdeckte Matthias sogenannte Blaukrönchen. Das sind sehr kleine Papageien, die vor allem grün gefiedert sind und einen kleinen blauen Fleck auf dem Kopf tragen, der ihnen den Namen verleiht. Insgesamt waren es fünfzehn Stück in einem Käfig – und Matthias wollte sie mit Willies Hilfe freikaufen. Es ist keine leichte Entscheidung, Tiere wie diese Blaukrönchen freizukaufen. Immerhin unterstützt man durch das Geld, das der Händler (und der Fänger) bei dieser Aktion bekommt, natürlich genau das, was man verhindern möchte. Aus Tierschutzgründen kann man das dagegen durchaus verstehen, denn keiner der Vögel hätte in so einem Käfig lange überlebt.

Blaukrönchen unter engsten Haltungsbedingungen beim Tierhändler in Sintang. [6]

Matthias musste für die »Krönchen« insgesamt 780 000 Rupien bezahlen, umgerechnet etwas weniger als 4 Euro pro Vogel. Unser Vogelexperte war durch und durch glücklich und erzählte den ganzen Abend von seiner Aktion und der Freilassung der Blaukrönchen in den Regenwald Indonesiens.

Das eigentlich Perfide hinter dieser ganzen Aktion ist die gesetzliche Grundlage, denn das Blaukrönchen, genau wie viele andere Vogelarten, ist fast auf der ganzen Welt streng geschützt. In keinem Land darf man diese Tiere einfach so kaufen, sondern muss strenge Regeln einhalten, die nachweisen, dass die Tiere eben nicht aus der freien Natur stammen, sondern gezüchtet wurden. Nur in ihrem Heimatland, in Indonesien selbst, sind sie nicht geschützt und können deswegen einfach so auf offener Straße völlig legal verkauft werden. Der Vogelhändler, dem Matthias die Blaukrönchen abkaufte, tat also noch nicht einmal etwas Gesetzwidriges!

Reinschmidts Tierfakten

Was Blaukrönchen mit Fledermäusen gemein haben

Die kleinen, nur zwölf Zentimeter großen Blaukrönchen gehören zu den apartesten und grazilsten Papageien überhaupt, nur die winzigen Spechtpapageien sind noch einmal zwei bis vier Zentimeter kleiner. Mit dem dünnen Schnäbelchen werden Baumblüten bearbeitet und dabei Pollen und Nektar, manchmal aber auch ein darin befindliches Insekt verspeist. Blaukrönchen, wie auch andere Vertreter ihrer Gattung, lieben außerdem den süßen Palmwein, der in Indonesien von den Einheimischen gewonnen wird, indem sie von Zuckerpalmen herauslaufenden Saft in Gefäßen sammeln. Dabei haben sich manche Papageien angewöhnt, diesen auch direkt aus dem Sammelgefäß zu trinken. Wird dieser »Wein« aber nicht regelmäßig geleert, dann gärt er bei den tropischen Temperaturen sehr schnell, was die kleinen Vögel rasch betrunken macht.

Eine besondere Anpassung unterscheidet die Blaukrönchen von anderen Papageienarten, nämlich das Schlafverhalten. Kopfüber an einem Fuß im Geäst hängend und dabei das andere Bein schützend ins Bauchgefieder eingezogen, erinnern sie an Fledermäuse. Daher auch ihr Gattungsname: Fledermauspapageien.

Am Tag der Blaukrönchenbefreiung war auch noch Franks 72. Geburtstag. Den wollten wir im besten Lokal der Stadt feiern. Als wir dort ankamen, wussten wir, warum Willie uns in den winzigen Zimmern der Orang-Utan-Station hatte übernachten lassen. Das teuerste Restaurant von Sintang zeichnete sich nämlich dadurch aus, dass es einen über Jahre hinweg abgelaufenen Betonfußboden besaß, zwei dauerhaft quietschende Ventilatoren unter der Decke, um die Fledermäuse flogen, und die unvermeidlichen Plastiktische und -stühle, die man bei uns aus ganz billigen Imbissbuden kennt. Dort saßen wir nun also und feierten Franks Geburtstag. Wir waren zu zehnt, es gab mehrere Gänge, und tatsächlich war das Essen zwar einfach, aber gar nicht so schlecht. Am Ende zahlte Frank für die gesamte Tafel nicht einmal 50 Euro. Das war sicher die günstigste Geburtstagsparty, die er jemals gegeben hat.

Der nächste Tag war dann Mamats Auswilderungstag. Frank hatte vor lauter Aufregung kaum geschlafen. Sein Schlafmangel lag also ausnahmsweise nicht daran, dass die Temperaturen auch nachts kaum unter 30° fielen und es keine Klimaanlage gab. Es lag auch nicht an der Angst vor Mücken oder daran, dass er mit Graus daran dachte, dass er morgens wieder in dieses winzige Bad musste, das er sich mit allen anderen Menschen, die in diesem Haus schliefen, teilte. Immer wieder wurden wir später bei Interviews gefragt, wie wir denn auf diesen Reisen nächtigen würden. Niemand konnte sich vorstellen, dass es so spartanisch war. Die Betten waren unglaublich einfach, durchgelegen, und es gab für alle eben nur dieses eine knapp zwei Quadratmeter kleine Bad mit kaltem Wasser. Jeden Morgen gab es einen Plan, wer wann das Badezimmer zu benutzen hatte. Am Tag von Mamats Auswilderung war Frank der Erste, und zwar freiwillig. An diesem Tag wollte er keine einzige Sekunde verpassen.

Als schließlich alle startklar waren, ging es los. Willie erlaubte Frank, Mamat von seinem Gehege in den Transportkäfig zu bringen, und nach einer kurzen Untersuchung durch die zuständigen Behörden, die inzwischen in Form von drei Beamten eingetroffen waren, konnte der Transport beginnen. Drei Käfige wurden auf den Pick-ups festgemacht, damit Mamat und zwei weitere Tiere den Weg nach Tembak, einem kleinen Ort etwa vier Fahrtstunden entfernt, antreten konnten.

Die Straßen Richtung Tembak waren nicht nur fürchterlich schlecht, wir fuhren auch kilometerlang durch Palmölplantagen. An einer Wegkreuzung machten wir halt, um das Ganze einmal auf uns wirken zu lassen und ein paar Bilder für die Zuschauer zu drehen. Für Europäer wirken diese Plantagen, man könnte fast sagen: idyllisch, weil wir mit Palmen immer schöne tropische Orte verbinden. Doch wenn man hier ausstieg und durch die endlosen Plantagen schaute, stellte man nicht nur fest, dass es sich hier um eine Monokultur handelte, es also nur eine einzige Pflanzenart gab, sondern nach kurzer Zeit sagte Matthias auch: »Meine Güte, hier singt ja gar kein Vogel!« Und erst dann hörten wir alle bewusst in die Stille hinein.

Es ist geradezu unheimlich, wie »tot« diese Plantagen trotz der endlos vielen Pflanzen sind. Durch das Gift, das eingesetzt wird, und eben diese Monokultur mit den Palmen, mit denen kaum ein Tier etwas anfangen kann, gab es weder Insekten noch Vögel. Es gab auch keine Säugetiere, die wir auf der ganzen Strecke gesehen hätten. Und mitten in dieser fast schon gespenstischen Situation stand der Pick-up mit drei Orang-Utans, die jetzt zurück in den Regenwald kommen sollten, in einen der artenreichsten Lebensräume dieser Erde. Krasser hätten die Gegensätze kaum sein können.

Etwa fünf Kilometer entfernt markierte ein einzelnes Haus das Ende der befestigten Piste, ab da ging es über einen Schlammweg weiter. Die Behördenvertreter fuhren etwa vierhundert Meter, blieben stecken, kamen zurück und erklärten uns, dass ihr Fahrzeug, der Pick-up der offiziell zuständigen Forstpolizei Indonesiens, diese Strecke nicht würde fahren können. Man plane daher, die Auswilderung abzusagen. Wir wurden alle kreidebleich. Wir hatten wochenlang auf diesen Tag hingearbeitet, und Mamat war schon vier Stunden über die Insel gefahren worden, um endlich in die Freiheit zu kommen. Und das alles umsonst? Das konnte doch nicht wahr sein!

Jetzt zeigte sich, wie ausgesprochen pragmatisch Willie in solchen Situationen reagierte. Ohne mit uns Rücksprache zu halten, bot er den Beamten an, die Affen auf unser Produktionsauto umzuladen. Wir hatten einen Toyota mit Allradantrieb, der deutlich höher lag und außerdem einen Luftansaugstutzen auf dem Dach hatte, das heißt, der Motor unseres Fahrzeugs konnte nicht absterben, selbst wenn Wasser von unten in den Motorraum eindringen sollte. Der oberste Forstpolizeimitarbeiter stimmte zu, und wir luden die Affen um – hatten ab jetzt aber den Nachteil, dass das Kamerateam auf dem Dach des Pick-ups mitfahren musste.

Es war ein entsprechend abenteuerlicher »Ritt« über diese sogenannte Straße. Zeitweise musste unser Fahrer aussteigen, einige Meter vorausgehen und mit einem Bambusstab im Schlamm stochern, um herauszufinden, wie tief die Matschlöcher waren. Glück im Unglück: Unser Fahrer entpuppte sich als ein ehemaliger indonesischer Rallye-Meister. Ohne ihn hätten wir es wahrscheinlich nicht geschafft. Die größten Schlammlöcher waren etwa einen Meter tief. Es gab Situationen, da stand der Schlick bis zur Unterkante des Außenspiegels.

Frank hatte auf dem Beifahrersitz Platz genommen und endlich mal wieder eine Klimaanlage zur Verfügung, die er auch sofort einschaltete. Er genoss es, nach vielen Tagen der Hitze ein wenig im Kühlen sitzen zu können, was dazu führte, dass bei einem späteren Interview ein legendärer Satz fiel (der nie ausgestrahlt wurde).

Ich fragte: »Sag mal, Frank, die Fahrt nach Tembak, wie war das für dich?«

»Och, gar nicht so schlimm. Ich habe in Castrop-Rauxel schon schlimmere Straßen erlebt.«

Hinterher mussten wir alle lachen; wären wir jedoch wirklich stecken geblieben, es wäre ein Desaster gewesen – mit drei Orang-Utans auf den Autos, nur wenige Kilometer vor unserem großen Ziel. Doch wir schafften es.

Willie Smits bereitete Mamat auf ein Leben in Freiheit vor.

In Tembak angekommen erwartete uns bereits das gesamte Dorf. Alle Häuser des Ortes waren aus Holz gebaut, inklusive der Kirche. Hinter dieser begann eine Treppe, die Richtung Wald führte. Am Ende von etwa vierhundert Stufen fing die Wildnis an. Die Dorfgemeinschaft hatte entschieden, diesen Wald nicht abzuholzen, sondern hier die ursprüngliche Natur zu erhalten und Orang-Utans anzusiedeln. Das Kalkül: Die Tiere sollen früher oder später potenzielle Touristen anziehen. Dazu war sogar schon ein kleines Besucherzentrum errichtet worden, das uns an diesem Tag ganz stolz gezeigt wurde.

Wir hatten aber nur Gedanken für Mamat. Der saß bereits auf Willies Arm, um die Treppen hochgetragen zu werden, dicht gefolgt von seinen beiden Artgenossen. Nach einer Zeremonie, die man sich so ähnlich auch in einer deutschen Kleinstadt vorstellen könnte, wo jeder Würdenträger, den der Ort zu bieten hat, ein paar Worte sagte, ging es endlich in den Wald. Und dann waren wir alle wie im Tunnel.

Wir setzten Mamat auf den Boden, blickten in seine Augen, und Willie sagte später, das Tier habe genau in diesem Moment verstanden, was passierte. Der Orang-Utan hatte kapiert, dass das ganze Martyrium jetzt ein Ende haben sollte. Ganz sicher war ich mir nicht, ob das wirklich in dem Moment durch Mamats Kopf ging, aber tatsächlich hatte sich sein Blick verändert. Er ging auf die Bäume zu, kletterte hoch und war völlig übermütig. Er zog wild an den Ästen, sprang von Baum zu Baum und kreischte dabei. Er wirkte ausgesprochen glücklich, was natürlich auch daran gelegen haben kann, dass er so lange in diesem kleinen Käfig auf der wackeligen Pritsche des Pick-ups gefahren war. Und dann drehte er sich um und kam zurück zu Willie, Frank und Matthias, setzte sich zu ihnen, fasste alle noch mal kurz an, drehte sich um und verschwand im Wald.

Das war einer der emotionalsten Momente, die wir nicht nur auf dieser Reise erlebt haben, sondern rückblickend betrachtet auf allen Reisen. Dieser Menschenaffe mit seiner unglaublich traurigen Geschichte war tatsächlich frei. Er war so etwas wie ein Symbol der Hoffnung für all die anderen Orang-Utans, die illegal gehalten wurden.

Doch leider war dieses Happy End nicht das finale Ende von Mamats Martyrium, denn acht Jahre später bekamen wir von Willie die Nachricht, dass er zurück war in Sintang in der Station. Willie hatte ihn wieder einfangen müssen. Der Grund: Durch die lange Gefangenschaft bei dem Bauern, der ihn ausschließlich mit Hühnerfutter gefüttert hatte, litt Mamat an einer unheilbaren, immer weiter fortschreitenden Erblindung. Die zunehmende Blindheit wiederum führte dazu, dass er unsicher wurde und aggressiv. Er ging also immer wieder in die Dörfer, weil er nicht genau wusste, wo er war, und reagierte aggressiv auf die dortigen Menschen. Das war etwas, was nicht akzeptiert werden konnte – zum Schutz der Menschen, aber auch zum Schutz von Mamat, den die zunehmende Blindheit zum Beispiel der Gefahr aussetzte, überfahren zu werden.

Jetzt gehört Mamat zu den wenigen Orang-Utans auf der Welt, die eine zweite Auswilderung erleben dürfen. Mamat wird auf die »Insel der Riesen« gebracht, eine Insel, die Willie Smits vor der Küste Borneos explizit für große männliche Orang-Utans eingerichtet hat. Die sind ansonsten schwer zu vermitteln, denn diese Tiere sind meist territorial, das heißt, sie legen sich mit anderen Männchen an – außer es ist kein Weibchen in der Nähe. Auf dieser Insel wurde jetzt ein Platz geschaffen, an dem viele erwachsene Männchen zusammenleben können, sozusagen ein Männerwohnheim für Affensenioren.

SRI LANKA

Die Insel der Elefanten

Von Christian Ehrlich

Wir waren nach Sri Lanka gekommen, um bei der Auswilderung von vier jungen Elefanten dabei zu sein. Das würde bestimmt einer der ganz großen Momente auf dieser Reise werden, waren wir uns bereits im Vorfeld sicher, doch es gab dann noch einen weiteren, der uns dauerhaft im Gedächtnis bleiben sollte: das Treffen mit dem kleinen Elefantenbullen Namal.

Im Gegensatz zu seinen Artgenossen, fünfzig an der Zahl, die in der Auffangstation von Udawalawe im Süden Sri Lankas untergebracht waren, würde Namal nie den gleichen Weg in die Freiheit antreten können. Er hatte durch einen Verkehrsunfall sein hinteres rechtes Bein verloren. Um dem Tier trotzdem das Überleben zu sichern, hatten ihm die Mitarbeiter des erfahrenen Tierpflegers und Elefantenexperten Brian Batstone und des Leiters der Auffangstation, des Veterinärs Vijitha Perrera, eine Prothese gebaut. Sie bestand aus mehreren Metallstäben und etwas Plastik, das aussah, als hätte man es aus alten Autoreifen recycelt. Das waren nun mal die Möglichkeiten, die in einem Land wie Sri Lanka vorhanden waren, um einem behinderten Tier zu helfen.

Es war bemerkenswert, wie sehr sich die Menschen der Station um Namal kümmerten, denn zu diesem Zeitpunkt forderten etliche Experten in aller Welt, ihn einzuschläfern, weil es unmöglich sei, ihm dauerhaft das Leben zu retten. Heute, sechs Jahre später, wissen wir, dass Namal es trotzdem geschafft hat. Dank vieler Spenden aus Europa und des Einsatzes einiger weniger Tierschützer vor Ort ist etwas nahezu Unmögliches Realität geworden. Wir reden hier schließlich von einem inzwischen zwei Tonnen schweren Elefanten, der nur noch drei Beine hat und auf einer Prothese läuft!

50 Baby-Elefanten bilden die ungewöhnliche Herde in Udawalawe.

Dass es solche Mut machenden Erfolgsgeschichten ausgerechnet auf Sri Lanka, der Insel an der südlichen Spitze Indiens, gibt, liegt vor allem daran, dass Elefanten in dem Land eine ganz besondere Rolle spielen. Im Theravada-Buddhismus, der vorherrschenden Religion des Landes, gelten sie als heilig, was es den Tieren hier viel einfacher macht als in anderen Teilen Asiens. Aber die Sri Lanker beeindruckten uns auch dadurch, dass hier generell wesentlich weniger Wildtiere getötet oder gejagt werden. Der Anteil an Vegetariern ist in Sri Lanka so groß wie in wenigen anderen Ländern auf der Welt.

Der Inselstaat im Indischen Ozean ist etwa so groß wie Bayern und beherbergt sechstausend frei lebende Elefanten. Unvorstellbar, wie man in Deutschland mit so einer Situation umgehen würde – man denke nur an den »Problembären« Bruno. Trotz dieser vergleichsweise hohen Elefantendichte handelt es sich historisch betrachtet um einen niedrigen Wert. Vor hundert Jahren waren es noch mindestens zwanzigtausend Elefanten auf der Insel. Dass es heute so viel weniger gibt, liegt vor allem an den britischen Besatzern, die ausgesprochen großen Spaß daran hatten, Elefanten zu erschießen. Viele Großwildjäger kamen damals auf die Insel und schossen vor allem die Elefanten mit langen Stoßzähnen, sogenannte Tusker. Na klar, es ging den Jägern um das Elfenbein, das sie mit nach Hause nahmen. Sie waren so versessen darauf, dass die Elefanten beinahe ganz ausgerottet worden wären, doch quasi in letzter Minute konnte die vollständige Auslöschung noch abgewendet werden. Inzwischen steigt die Zahl der Elefanten wieder, aber damit leider auch die Zahl der Probleme, die zwischen Mensch und Tier entstehen. Aber dazu später mehr.

Die Folgen dieser Konflikte waren in der Station sichtbar. Immer wieder wurden kleine Elefanten mit Schusswunden eingeliefert. Eines der Tiere litt unter einer schweren Entzündung im Bein, weil dort wahrscheinlich schon seit Wochen eine Kugel saß, die langsam herauseiterte. Zwar ist es auch in Sri Lanka verboten, auf Elefanten zu schießen – aber für Kleinbauern, die für das eigene Überleben ihre Felder verteidigen müssen, ist diese Regelung schlicht illusorisch. Es gibt keinerlei staatliche Versicherung oder Ähnliches, die den Ausfall zahlt, wenn ein Elefant die Ernte auffrisst und damit die Existenz einer ganzen Familie aufs Spiel setzt.

Frank berührten all diese Schicksale der kleinen Elefanten ungemein. Man merkte ihm das bei jedem Schritt an, den wir durch die Station gingen. Der Leiter in Udawalawe, Vijitha Perrera, stellte uns nach und nach fast fünfzig kleine Elefanten vor. Einige waren erst wenige Tage dort und hatten noch Probleme, sich in diese große, ganz besondere Herde einzufinden. Andere waren bereits mehrere Jahre da und warteten auf ihre Auswilderung. Die Gründe, warum Elefanten hier in dieser Station landeten, waren mannigfaltig. Es gab Tiere, die schlichtweg den Anschluss an ihre ursprüngliche Herde verloren hatten oder in irgendein Loch in der freien Natur gefallen waren. Das Schicksal etwa der Hälfte der Tiere war jedoch von Menschen verursacht: Neben Tieren wie Namal, die von Autos angefangen worden waren, gab es auch einige, die auf Landminen getreten waren. Man darf nicht vergessen: Der Bürgerkrieg in Sri Lanka ist erst seit 2009 vorbei. Andere Tiere hatten sich verletzt, weil sie in Fallen getreten waren, oder eben, weil Menschen beim Versuch, ihr Hab und Gut zu verteidigen, zur Waffe gegriffen hatten.

All diese Tiere bildeten zusammen nun also eine »Herde der Versehrten«. In der freien Natur gibt es immer eine große ausgewachsene Elefantenkuh, die eine Herde anführt, häufig zusammen mit einigen engen weiblichen Verwandten. Alle anderen Tiere laufen hinterher und lernen so die Strecken und die Ernährung von den Leitkühen. In der Station von Udawalawe war das notgedrungen komplett anders. Die Herde aus fast fünfzig geretteten kleinen Elefanten zog gemeinsam über das Gelände der Station. Ähnlich wie bei natürlichen Herden führten aber auch hier die Älteren die Jüngeren an und gaben so das Wissen von einem Tier zum nächsten weiter. Ein wirklich interessantes Projekt, weswegen wir uns dort besonders lange aufhielten.

Wir betraten die Station an einem der »normalheißen« Tagen, sprich: bei über 30° und drückender Luftfeuchtigkeit. Frank war erst einmal eines – enttäuscht. Direkt vor dem Fütterungsstand war exakt ein einziger Elefant zu finden. Keine Spur von den anderen fünfzig Tieren, die sich noch auf dem großen Gelände herumtrieben. Wie wir erfuhren, handelte es sich um das letzte Tier, das in der Station aufgenommen worden war und noch nicht gelernt hatte, mit den anderen Tieren mitzugehen – sonst hätten wir erst einmal gar keinen Elefanten zu Gesicht bekommen. Der Neuankömmling war hochgradig verunsichert, das merkte man sofort. Sobald sich unsere Kamera auch nur ein klein wenig bewegte, ein Gerät, das so ein Tier natürlich noch nie gesehen hatte, schlug er mit den Ohren oder rannte vor uns davon. Unser Protagonist Brian Batstone, der Elefantenexperte aus Köln, erklärte Frank schnell das Problem und sagte auch, er müsse keine Sorgen haben, in wenigen Minuten sei es zwölf Uhr, und dann kämen alle Elefanten sowieso in die Station. Das Staunen war nicht nur bei Frank groß, auch Matthias und ich waren irritiert. Hatten Elefanten so eine Art innere Uhr? Wussten sie, wann es »Mittagessen« gab?

Es war tatsächlich so. Plötzlich begann in der verwaist wirkenden Station ein hektisches Treiben – bei Tier und Mensch. In Udawalawe

Elefanten-Experte Brian Batstone hilft seit vielen Jahren bei Elefantenschutz in Sri Lanka.

kümmern sich etwa sechzig Menschen rund um die Uhr um die Versorgung der Elefanten, die alle drei Stunden das Fläschchen bekommen – beziehungsweise eine Art Trichter, den sie in den Mund nehmen und durch den die angemischte Elefantenmilch eingeflößt wird. Diese besteht aus Wasser und Milchpulver, wie wir es auch für Menschenbabys benutzen. Die einsetzende Fütterungszeit erkannte man daran, dass sich am Zaun bereits die ersten Elefanten anstellten, um auf das Gelände zur Fütterung zu kommen. Ein wirklich erstaunliches Bild: Knapp fünfzig kleine und mittelgroße Elefanten standen nach kurzer Zeit dort, tröteten unruhig vor sich hin, um zu einem kleinen Wellblechunterstand gelassen zu werden, wo die Tierpfleger noch die Milch anrührten.

Die ganz Kleinen waren als Erste dran, sie bekamen klassische Fläschchen, wobei »klassische Fläschchen« einfach nur bedeutete, dass auf der Flasche ein Saugnuckel befestigt war, durch den sie ihre Milch aufnahmen. Die Menge hatte nichts mit »klassischen Fläschchen« zu tun: Zweieinhalb Liter gehen da rein – und das bekommen die Kleinen sechsmal am Tag! Die Größeren bekommen mit den Trichtern bis zu fünf Liter pro Mahlzeit eingeflößt. Wobei »einflößen« vielleicht das falsche Wort ist: Sie inhalieren diese Mahlzeiten förmlich und prügelten sich geradezu darum.

Es ist wirklich erstaunlich, wie ruppig es an der Milchbar dieser Elefantenstation zuging. Kein Tier schien dem anderen auch nur einen Tropfen Milch zu gönnen, es wurde gerempelt und gedrückt – und immer wieder trompetet. Beim ersten Mal erschrak Frank sichtlich vor diesem unglaublich lauten Geräusch aus einem eigentlich gar nicht so großen Jungtier. Doch selbst die kleinsten Elefanten hatten ein Organ, dass einem die Ohren klingelten. Hier, wie auf unserer gesamten Reise, behielt Brian den Überblick und bewahrte die Ruhe. Sri Lanka war sein Geburtsland, er hatte aber nach einigen Jahren seine Heimat in Köln gefunden und arbeitete dort dreißig Jahre lang als Elefanten-Tierpfleger im Kölner Zoo. Matthias und Brian kannten sich seit vielen Jahren und hatten schon häufiger über Brians Engagement in Sri Lanka gesprochen.

Und dieses Projekt ist sehr erfolgreich: Über einhundert Elefanten waren zum Zeitpunkt unseres Besuchs bereits zurück in die Natur ge-

Reinschmidts Tierfakten

Die »Geheimsprache« der Elefanten

Immer wieder kann man Elefanten laut »tröten« hören, sie kündigen damit Gefahr, Aktivität oder einfach nur Lebensfreude an und lassen ihre Umgebung lautstark daran teilhaben. Aber sie können auch anders: Während wir Menschen einen Hörbereich zwischen 16 und 20000 Hertz haben, liegen die von den Elefanten tief unten in der Kehle erzeugten Infraschalllaute bei etwa 10 Hertz und sind somit für uns Menschen unhörbar. Auch die großen Ohren der Elefanten hören diese Infraschalllaute nicht, sie können diese aber mithilfe von Druckrezeptoren an Rüsselspitze und Vorderbeinen wahrnehmen. Diese Art der Kommunikation dient vor allem der Partnersuche. Die Infraschalllaute der Elefantenbullen werden noch in über zehn Kilometern Entfernung von Elefantenkühen über den Boden wahrgenommen. Ist eine interessiert, antwortet sie ebenfalls im Infraschallbereich zurück, und die beiden nähern sich langsam an. Was danach für Menschen wie eine zufällige Begegnung aussieht, wurde also zuvor in »Elefantensprache« vereinbart.

bracht worden. Ein unglaublicher Erfolg, wenn man sich klarmacht, wie kompliziert es ist und wie lange es dauert, die kleinen Elefanten behutsam aufzuziehen, aber nicht zu sehr an Menschen zu gewöhnen

An der Milchausgabe herrscht ein ordentliches Gedrängel.

und dann auf ein Leben in Freiheit vorzubereiten. Vijitha Perrera erklärte uns in einem langen Interview, dass es quasi keinen einzigen Elefanten gibt, der auf seine Station kommt, der nicht mit den psychischen Folgen seines Schicksals zu kämpfen hat. Es ist eben für so soziale Tiere wie Elefanten nicht einfach, ohne Mütter aufzuwachsen und dann in dieser etwas unnatürlichen Herde einen Platz zu finden.

Den ersten Abend nach diesem ereignisreichen Tag verbrachten wir in unserem Hotel, das direkt am Rand eines kleinen Regenwalds lag. Das fand Frank auch total toll – bis zu dem Moment, in dem er auf dem Weg zum Abendessen seinen ersten Waran traf. Warane sind besonders große Echsen, in diesem Fall war es ein Bengalenwaran von etwa 1,30 Meter Länge, der auf dem Weg lag. Diese Tiere nutzen in der Dämmerung die noch warmen Steine der Fußwege, um sich noch einmal aufzuwärmen, bevor es dann auf die Jagd in der Nacht geht. Frank wählte also den deutlich längeren Weg an der Wäscherei entlang, um dann leicht verspätet doch noch zum Abendessen zu erscheinen und von seiner heldenhaften Begegnung mit dem Tier zu berichten. Das wiederum führte dazu, dass Matthias und ich alles stehen und liegen ließen, um das Reptil aufzuspüren und noch ein paar tolle Erinnerungsfotos zu machen. Das war eben die Aufteilung: Frank saß mit Brian beim Abendessen und genoss seine Leibspeise auf dieser Reise – frittierten Knoblauch –, während Matthias und ich versuchten, seltene Tiere aufzuspüren, von denen wir noch keine eigenen Fotos hatten.

Wilson brauchte noch eine Extra-Portion Milch, er war völlig unterernährt aufgefunden worden. [7]

Dass solche besonderen Begegnungen überhaupt möglich waren, liegt an dem großen Respekt, den die Menschen auf Sri Lanka ihren Wildtieren entgegenbringen. Das kann man gar nicht hoch genug einschätzen, wenn man davon ausgehen muss, dass viele Menschen am Existenzminimum leben und dennoch nicht auf die Idee kommen, frei lebende Tiere als Nahrung oder Erntekonkurrenz anzusehen und zu jagen. Besonders augenscheinlich war der direkte Vergleich mit unserer vorherigen Reise nach Indonesien. Auch dort waren wir teilweise tagelang im Regenwald unterwegs gewesen, hatten aber kaum die Chance gehabt, überhaupt irgendwelche Tiere zu sehen. Auf Sri Lanka war das komplett anders. Hier liefen die Affen selbst auf der Straße herum, Warane bequemten sich nur langsam vom Bürgersteig, wenn Menschen über sie stiegen, und es gab in allen Bäumen Vögel. Selbst in der Stadt konnte man seltene, speziell für Matthias begeisternde Vogelarten entdecken. Es ist schon erstaunlich, wie sehr sich die Natur an das Treiben der Menschen anpasst und Tiere wieder zurückfinden zu einem normalen Miteinander mit Menschen, wenn sie nicht ständig Gefahr laufen, erschossen oder gefangen zu werden.

Besonders gefreut haben wir uns natürlich auch auf das Treffen mit wilden Elefanten – auch wenn vor allem Frank nicht einmal annähernd ahnen konnte, worauf er sich da genau eingelassen hatte. Wie nah wir den wilden Elefanten dann tatsächlich kamen, hätte vorab niemand von uns für möglich gehalten.

Ein erstes Zusammentreffen sollte es im Wasgamuwa-Nationalpark geben. Dieser Park wurde vor allem für Elefanten, Leoparden und Bären eingerichtet, weswegen die zentrale Regel für alle, die in einem Jeep dort hineinfahren, lautet: Aussteigen verboten! Wir hatten das unglaubliche Glück, dass wir zur beginnenden Regenzeit in Wasgamuwa waren. Das ist die Zeit, in der die meisten Paarungen zwischen den dortigen Elefanten stattfinden, und so geschah es, dass wir plötzlich zwischen zwei miteinander kämpfende Bullen gerieten, die sich die gleiche Herde Weibchen ausgesucht hatten. Ein unglaubliches Schauspiel!

Frank wusste nicht, ob er sich besonders freuen oder doch besser Angst haben sollte, denn der Kampf zwischen den beiden Elefantenbullen war um einiges energischer als die Rangeleien an der Milchbar in Udawalawe. Selbst Brian war überrascht von der Heftigkeit der Auseinandersetzung. Spätestens jetzt kam Regel zwei der Elefantensafari zum

Tragen: Nicht bewegen! Immerhin kämpften hier zwei viereinhalb bis fünf Tonnen schwere Kolosse miteinander und waren so sehr mit ihrem Kontrahenten beschäftigt, dass sie gar nicht bemerkten, dass wir auch da waren.

Zwei kämpfende Elefanten im Wasgamuwa-Nationalpark.

Stoßzähne haben die männlichen Elefanten auf Sri Lanka übrigens äußerst selten. Das liegt an der langen schicksalhaften Geschichte der Bejagung durch britische Großwildjäger auf die Tusker. Es war für Elefanten über Jahrzehnte hinweg daher von evolutionärem Vorteil, möglichst kleine oder gar keine Stoßzähne zu haben, weil es ihre Chance, nicht erschossen zu werden, vergrößerte. Die Folgen davon sind bis heute zu sehen: Auch bei diesem Kampf im Wasgamuwa-Nationalpark waren zwei Elefantenbullen am Werk, deren Stoßzähne kaum zu erkennen waren.

Am Ende der Auseinandersetzung trennten sich die beiden Dickhäuter, doch unsere Situation entspannte sich danach nicht wirklich.

Durch den Regen war der Boden sehr schlüpfrig geworden, und das hinderte uns nun daran, den Nationalpark so zügig wieder zu verlassen, wie es angebracht gewesen wäre. Denn plötzlich kam einer der Bullen zurück und auf uns zu.

»Wenn ihr jetzt nicht da wärt, würde ich mir in die Hosen scheißen«, kommentierte Frank Elstner die Situation – und vermutlich war daran mehr Wahres, als er später zugeben wollte. Um ihm seine Sorgen zu nehmen, flachste Matthias: »Mensch, Frank, du bist es doch gewohnt, mit großen Tieren umzugehen.« Der musste lachen, verkniff sich aber jeden Laut, weil er Sorge hatte, den Elefanten zusätzlich auf uns aufmerksam zu machen. »Ja«, flüsterte er, »aber nicht in freier Wildbahn.«

Genau so ging Frank auf allen unseren Reisen immer mit Situationen um, in denen er sich nicht ganz wohlfühlte: Er machte kleine Witze. Frank gehört nicht zu den Menschen, die wie Matthias und ich grundsätzlich, man könnte fast schon sagen: etwas naiv auf Tiere zugehen, weil wir sie einfach lieben und ein Grundvertrauen zu ihnen haben. Er hat manchmal auch große Angst vor einigen Tierarten. Dazu gehören zum Beispiel große Elefanten, die ihn seiner Einschätzung nach verletzen könnten. Und damit hat er vollkommen recht! Aber auch Spinnen, Schlangen und andere Spezies, die in großen Teilen der Bevölkerung keinen guten Ruf genießen, sorgen bei Frank für Unwohlsein. Er sagt dann: »Ich habe großen Respekt.« Umso mehr wissen Matthias und ich es zu schätzen, dass er uns tapfer auch zu solchen Tieren begleitet und selbst in Hotels übernachtet hat, in denen Spinnen in jeder Ecke saßen.

Am Ende dieser Safari im Wasgamuwa-Nationalpark ging der Elefantenbulle seines Weges, nur etwa zwei Meter neben unserem Auto entlang, und wir waren vor allem glücklich über die großartigen Bilder, die wir für unseren Artenschutzfilm sammeln konnten. Franks erstes Treffen mit wilden Elefanten wollten wir am Abend feiern. Das allerdings geschah in einem Hotel, das wir von Europa aus gebucht hatten, ohne es vorher genauer sehen zu können. Im Rückblick auf zehn Jahre gemeinsamer Reisen war es das schlechteste Hotel, in dem wir jemals untergekommen waren. Vermutlich war es eher so etwas wie ein Jugendcamp, aber es gab auch keine anderen Möglichkeiten. Wir waren extra auf die abgelegene Seite des Nationalparks gefahren, weil dort weniger Touristen waren und wir somit mehr Ruhe und mehr natürliches Verhalten bei den Tieren sehen konnten. Der Nachteil dieser einleuchtenden Entscheidung wurde uns am Abend mit brachialer Gewalt vor Augen geführt: Das »Hotel« besaß weder einen vernünftigen hygienischen Standard noch ein ordentliches Restaurant. Frank kam, keine zwei Minuten nachdem wir eingecheckt hatten, in mein Zimmer und sagte: »Christian, das ist doch wohl nicht dein Ernst?!«

Mir war das natürlich unangenehm. Längst hatten sich alle in unserer Reisegruppe daran gewöhnt, dass man europäische Standards nun wirklich nicht erwarten konnte. Wir hatten in Hängematten genächtigt, uns ein Zimmer zu fünft geteilt und teilweise neben unseren Fahrern im Auto geschlafen – doch das hatte immer ein gewisses Maß an Sauberkeit. Und vor allem hatten wir fast immer die Möglichkeit, etwas Vernünftiges zu essen. All das war hier nicht gegeben.

Das ganze Ausmaß der Probleme wurde erst im Laufe des Abends sichtbar. Das Camp lag an einem relativ sumpfigen See, sodass der Angriff der Mücken nicht lange auf sich warten ließ. Unglaubliche Mengen dieser Insekten suchten nach Blut, und natürlich sind europäische Touristen der ideale Nährgrund für sie. Wir sprühten uns also intensiv mit dem mitgebrachten Mückenrepellent ein, um heil zum Restaurant zu gelangen.

Vorher suchte ich – und jetzt werden Sie sich wundern, warum wir überhaupt darüber reden – die Toilette auf. Ich klappte den Deckel hoch, um darunter zunächst einen kleinen Baumfrosch zu retten. Dieser hatte sich nämlich dafür entschieden, in der schattigen und mit Wasser gefüllten Toilette sein Zuhause aufzuschlagen. Als ich den Frosch rausbrachte, traf ich Matthias, der kurz zuvor offensichtlich das Gleiche getan hatte und seinen Frosch am Ufer des kleinen Sees noch fotografierte. Wir tauschten uns über unsere Funde aus – es war dieselbe Froschart – und lachten ein wenig darüber. Als Frank dazukam, konnte er das Lachen kaum erwidern. Bei ihm saß der Frosch auf der Duschbrause, und er forderte uns auf, diesen zu entfernen. Wir konnten uns einen Scherz nicht verkneifen und sagten, Frank wäre ja sicher traurig gewesen, wenn er als Einziger ein Zimmer ohne Frosch abbekommen hätte. Matthias brüstete sich schließlich ironisch damit, dass er das Zimmer mit Frosch *und* Gecko an der Decke habe – quasi so etwas wie die Suite des Etablissements …

Im Restaurant erwartete uns dann das eigentliche Problem. Das sogenannte Buffet, die einzige Möglichkeit, in diesem Ort zu essen, gestaltete sich wirklich schwierig. Es gab Reis, es gab Bananen, und es gab eine schwer zu definierende Masse, die man auf den Reis geben sollte. Auf unserer Reise durch Sri Lanka hatten alle von uns längst gelernt, dass man hier scharf essen können musste – und dass die Schärfe einen vor Krankheiten beschützen kann. Hier war nichts scharf – und auch nichts lecker. Man musste das, was dort angeboten wurde, essen, ansonsten hätte man komplett fasten müssen. Und so nahm jeder das, was er für am wenigsten gefährlich hielt.

Wir beschränkten uns also auf die Minimallösung, aßen Reis, manche auch ein paar Bananen, nur Brian traute sich an dieses undefinierbare braune Curry heran. Er war am nächsten Tag dann tatsächlich der Einzige, der keinen Durchfall hatte. Es folgte einer der grausigsten Drehtage unseres Lebens. Wir hatten nicht nur morgens einen Interviewtermin, der immer wieder unterbrochen werden musste. Nein, wir hatten auch eine Fahrt von etwa fünf Stunden bis zum nächsten Drehort vor uns. Die mitgeführten Tabletten gegen Durchfall waren schnell aufgebraucht. Natürlich hatte ich beim Packen in Deutschland nicht damit gerechnet, dass wir quasi einen »Massenausbruch« haben würden. Also mussten wir die nächste Apotheke aufsuchen. Zu meiner großen Überraschung werden auf Sri Lanka Tabletten nicht in Packungen verkauft, sondern man sagt dem Apotheker die gewünschte Tablettenanzahl, und der schneidet die entsprechende Menge an Tabletten aus dem Blister heraus. Das war bei uns nicht nötig. Ich nahm gleich zwei Packungen, was einen erstaunten Blick des Apothekers zur Folge hatte, und verteilte sie eifrig im Auto. Leicht überdosiert waren wir dann endlich auf dem Weg – und kamen abends einigermaßen wohlbehalten an.

Eine weitere sehr spannende Begegnung mit wilden Elefanten hatten wir kurz danach im Yala-Nationalpark. Das ist der älteste, größte und bekannteste Nationalpark im Süden Sri Lankas. Er ist 1500 Quadratkilometer groß, womit er 2,5 Prozent der gesamten Insel umfasst, liegt direkt am Meer und ist trotzdem erstaunlich trocken. Nur ein Teil der riesigen Fläche darf von Touristen per Safariautos besucht werden – und dazu gehörten nun auch wir. Ziel war es natürlich, Elefanten zu sehen, aber die große Herausforderung lag darin, auch einen Leoparden vor die Linse zu bekommen.

So eine Safari beginnt immer in der morgendlichen Dämmerung, das heißt, man muss um vier Uhr aufstehen. Gott sei Dank und zur Beruhigung aller hatten wir hier wirklich ein tolles Hotel. Eine Lodge, mitten in das Buschwerk gebaut, mit kleinen Hütten für jeden. Die Ausstattung war ganz ordentlich, es gab sogar einen Pool, aus dem allerdings jeden Morgen die hiesigen Ceylon-Hutaffen tranken. Auch dieses Hotel besaß den offensichtlich obligatorischen Hotelwaran, dem wir ab und zu ein paar Eier zusteckten, die wir heimlich beim Frühstücksbuffet mitgehen ließen.

Damit die Stimmung am nächsten Morgen trotz der sehr früh beginnenden Safari nicht litt, hatte ich dafür gesorgt, dass Frank ein besonders gutes Zimmer bekam. Womit ich nicht gerechnet hatte, war, dass die erwähnten Hutaffen auch wussten, dass dies das beste Zimmer des Hotels ist, und sich am Abend dort einfanden, um auf dem Dach zu schlafen. Leider schlafen Hutaffen nicht durch, wie wir in dieser Nacht herausfanden. Stattdessen scheinen sie nachts vor allem damit beschäftigt zu sein, kleine Streitereien auszufechten. Das sorgte dafür, dass Frank am nächsten Morgen eher missmutig aufstand.

Frühes Aufstehen ist bekanntlich ohnehin keine seiner Kernkompetenzen. Entsprechend schlecht gelaunt saß er am Morgen im noch dunklen Auto. Da er sich aber eigentlich sehr auf die Safari gefreut hatte, fragte er Brian mit gespielter Fröhlichkeit, wie groß denn die Chance sei, heute einen Leoparden zu entdecken. Leider hatte Brian die Notwendigkeit einer möglichst positiv ausfallenden Antwort nicht realisiert und sagte: »Na ja, ich war hier schon mehrere Male, und ich habe noch nie einen aus der Nähe gesehen.« Dann war auch mit Franks gespielter Fröhlichkeit erst mal Feierabend.

Am Eingang des Nationalparks standen zu unserer Überraschung bereits dreißig andere Jeeps. Kein Wunder: Yala ist ein beliebtes Reiseziel in Sri Lanka. Jeder Reiseführer empfiehlt eine Safari dort. Etwa 30 000 Besucher kommen jedes Jahr hierher, und alle müssen am Eingang den üblichen Eintrittspreis bezahlen. Das hört sich jetzt so an wie »Disneyland für Naturschützer«, und am Ende ist es das vielleicht sogar ein bisschen. Auf der anderen Seite: Diese Einnahmen, die durch die Touristen generiert werden, sorgen dafür, dass sich ein Land wie Sri Lanka diese Form von Naturschutz, diese Unterschutzstellung großer Flächen für ihre Tiere überhaupt leisten kann. Nur so ist die Bevölkerung davon zu überzeugen, die Schutzgebiete als solche zu erhalten und nicht zu bebauen oder für die Landwirtschaft zu nutzen.

Wir waren an diesem Morgen natürlich mal wieder der »Problemfall«, denn wir mussten nicht nur Eintritt bezahlen, sondern auch unsere Drehgenehmigung vorlegen, es musste im Ministerium angerufen und überprüft werden, ob alle auch den richtigen Pass dabeihatten, bevor es dann endlich losgehen konnte. Natürlich sorgte das für Unmut, denn

Hutaffen leben heute oft als Kulturfolger in der Nähe des Menschen – z. B. an Hotels. [8]

all die anderen Autos waren längst drin, und wir mussten ihnen langsam hinterherfahren, weil wir so lange für den Check-in gebraucht hatten. Doch die Sorgen waren unbegründet. Schon nach kurzer Zeit standen wir vor dem ersten vier Tonnen schweren Elefantenbullen, der etwas versteckt in einem großen Busch nach Nahrung suchte.

Immer wieder schauten unser Kameramann und Brian auch in Richtung Baumkronen, denn Leoparden entdeckt man nicht nur, wenn man ihre Spuren gefunden hat und ihnen folgt, sondern vor allem auch, wenn sie Siesta in den Bäumen machen. Diese Raubkatzen verbringen gerne den ganzen Tag in einer Baumkrone, denn dort ist es erstens schattig und zweitens ein bisschen luftig. Und: Sie lagern dort oben auch ihre Beute.

Tatsächlich wirkte die Spurensuche etwas hilflos. Unser Fahrer behauptete regelmäßig, dass er Spuren von Leoparden gesehen habe, die dann aber ins Nichts führten. Letztlich, so stellten wir fest, werden Leoparden in diesem Park vor allem dadurch gefunden, dass irgendein Fahrer sie durch Zufall in einem Baum sieht, über Funk sagt, dass er einen hat – und dann alle Autos dort hinfahren. Das fühlt sich schon seltsam an. Man fährt in einen unglaublich großen Nationalpark am anderen Ende der Welt, um eine ganz besonders seltene Raubkatze zu sehen, und kaum wird sie irgendwo gesichtet, stehen dort – und das ist nicht übertrieben – vierzig oder fünfzig Jeeps mit Touristen aus aller Welt, und alle richten ihre Kameras auf diesen einen Baum, auf dem der Leopard gerade vor sich hin döst.

Reinschmidts Tierfakten

Auf der Roten Liste: der Sri-Lanka-Leopard

Sieben Großkatzenarten gibt es auf der Welt. Von diesen hat der Leopard das größte Verbreitungsgebiet. Es erstreckt sich über ganz Afrika bis über weite Teile Asiens. So ist es nicht verwunderlich, dass sich bei einem so großen Verbreitungsgebiet auch lokale Unterarten entwickeln. Acht verschiedene Formen des Leoparden sind heute wissenschaftlich anerkannt. Während in ganz Afrika nur eine Form beschrieben ist, teilen sich die restlichen sieben Formen auf den asiatischen Raum auf. Während die Art in Afrika noch auf mehrere Hunderttausend Individuen geschätzt wird, sind von den asiatischen Unterarten jeweils nur noch wenige Hundert bis höchstens einige Tausend Tiere existent. Eine davon ist der auf Sri Lanka endemische Sri-Lanka-Leopard, von dem nur noch wenige Hundert Tiere existieren. Deshalb wird dieses größte Raubtier der Insel auf der Roten Liste gefährdeter Arten der IUCN als bedroht geführt.

So geschah es jedenfalls an diesem Tag am Ufer eines kleinen Meeresarms, auf dessen anderer Seite in einem großen fächerförmigen Baum ein Leopard saß. Viel zu weit weg für die meisten Kameras. Durch unser Teleobjektiv konnten wir das schlafende Tier zwar halbwegs abbilden, aber wir beschlossen, es am nächsten Tag noch einmal zu versuchen, auch wenn Frank und Matthias bereits alle Knochen wehtaten. Und siehe da, es lief tatsächlich viel besser.

Da uns die Einlasskontrolle inzwischen kannte, konnten wir an der ganzen Reihe der wartenden Jeeps vorbeifahren und waren fast als Erste im Park. Und schon nach einer halben Stunde trafen wir auf einen jungen Leoparden, der zeigte, dass sich die Natur durchaus an Touristenbesuche gewöhnen kann. Er hatte überhaupt keine Angst vor Autos! Er war es offensichtlich gewohnt, dass Fahrzeuge sogar anhielten, sobald er kam. Und deswegen nutzte er die im Park angelegten Wege, um sich möglichst schnell in seinem Revier fortzubewegen. Man könnte sagen, er schien den Komfort der Straßen zu schätzen, denn so musste er nicht durch das Dickicht laufen. Die stolze Raubkatze schritt also nur zwei Meter an unserem Jeep vorbei und schaute uns dabei sogar an. Ein unglaubliches Erlebnis!

Das »etwas andere« Erlebnis, das später auch in der *Bild*-Zeitung erscheinen sollte, passierte allerdings, als wir den Park verließen. Auch da gab es eine gewisse Parallele zu Disneyland, denn auch ein Nationalpark hat Öffnungszeiten, in diesem Fall mussten um 18 Uhr alle Jeeps den Park verlassen haben. Das hatte zur Folge, dass sich – da ja alle Touristen möglichst viel von dem Tag haben wollen – zehn vor sechs ein gewisser Stau auf den Straßen, die raus aus dem Park führen, bildete. In diesem Stau standen auch wir. Mit zehn, maximal zwanzig Stundenkilometern fuhren wir durch den aufgewirbelten Staub der anderen Jeeps in Richtung Ausgang, aber mit einem Lächeln. Wir hatten wunderbare Aufnahmen gemacht, wir waren uns sicher, wir können den Zuschauern erzählen, wie Leoparden hier (mit Touristen) leben und wie besonders das Erlebnis ist, sie zu treffen … als vor uns die ersten Autos zu hupen begannen.

Dann ging alles ganz schnell. Es wurde geschrien, plötzlich fuhren Jeeps sogar rückwärts auf uns zu, Fahrer brüllten sich gegenseitig an, Unruhe, ja, Panik machte sich breit. Ich fragte Brian, was denn los sei. Er rief: »Mist, von vorne kommt ein riesiger Bulle auf uns zu.« Und dann sahen wir ihn auch schon. Dieser Elefant hatte sich genau den Zeitpunkt, als alle Jeeps auf der Straße darauf warteten, aus dem Park herausgelassen zu werden, ausgesucht, um in den Park reinzulaufen. Das war natürlich sein gutes Recht, immerhin waren wir in seinem Zuhause unterwegs und nicht umgekehrt. Ungünstig war allerdings, dass einige Fahrer vor uns offensichtlich weniger Respekt vor Tieren hatten, als das in unserem Auto der Fall war. Sie hatten ihn erst angehupt, dann aus Angst wilde Fahrmanöver durchgeführt und ihn so aufgebracht.

Auch wir setzten leicht zurück, allerdings seitwärts, um dem Tier möglichst viel Platz zu machen. Doch auch unser Manöver interpretierte der große Bulle in der Stresssituation offensichtlich als aggressives Verhalten. Er rannte auf uns zu und schlug mit seinem Rüssel in unser Auto herein. Dazu muss man wissen: Jeeps auf Safaris sind rechts und links offen und besitzen auch keine Glasfenster, die man schließen könnte. Matthias hatte die Situation sehr früh richtig eingeschätzt und sich auf die andere Seite des Autos gesetzt – Frank nicht. Er blieb einfach sitzen und dachte an die Safari in Wasgamuwa, wie er später erklärte. Dort hatte man ihm gesagt, wenn ein Elefant kommt: »Nicht bewegen!« Also bewegte er sich nicht. Das tat nun allerdings Brian, der mit seinem Hut auf den Rüssel des Elefanten schlug, der sich daraufhin von Frank abwendete und hinter uns in die Büsche lief …

Was für ein Zusammentreffen! Durch einen Zufall hatte ich die ganze Situation gefilmt, sodass sie später auch in unserer Sendung gezeigt werden konnte – und auch die *Bild*-Zeitung hatte davon Wind bekommen. Lange bevor die Sendung ausgestrahlt wurde, gab es schon Anfragen – »Herr Elstner, was ist denn da vorgefallen?« Später entstand daraus die fast schon legendäre Schlagzeile, die bis heute in unserem Produktionsbüro hängt: »Frank Elstner von Elefant gerammt!«

Bis zur anstehenden Auswilderung unserer vier Elefanten in Udawalawe besuchten wir einige weitere interessante Orte auf Sri Lanka. Dazu gehörten viele natürliche Landschaften, wo wir immer wieder anhielten, weil Matthias eine besondere Vogelart entdeckt hatte. Wie auf allen Reisen hatte er einen Vogelführer des entsprechenden Landes dabei und machte immer dann ein Kreuz, wenn er eine »Erstsichtung« vollzogen hatte. Das heißt, Matthias saß immer auf dem Beifahrersitz, zückte sein Fernglas und schaute von Baum zu Baum. Sobald er eine neue Vogelart entdeckte, merkte man das relativ schnell an seiner sich verändernden Haltung, denn ohne es selbst zu bemerken, bückte er sich noch mit dem Fernglas vor Augen nach seinem Buch, strahlte bis über beide Ohren, nannte dann meist den lateinischen Namen des Vogels und blätterte wie wild in seinem Führer. Sein Ziel: Auf jeder Reise wollte er mindestens hundert Vogelarten, die er vorher noch nie gesehen hatte, in seinem Buch »abkreuzen« – und tatsächlich hat er das auch jedes Mal geschafft. »Birding« nennt man dieses Hobby.

Manche Orte erreichten wir nur mit ungewöhnlichen Verkehrsmitteln. Mal war es ein kleines Boot, in einem Fall aber auch ein landesübliches Tuk Tuk. Denn zum großen Tempel von Kandy, dem Sri Dalada Maligawa, wo ein Zahn von Buddha verehrt und aufbewahrt wird (daher auch »Zahntempel« genannt), konnte man nur mit so einer dreirädrigen Motorrikscha gelangen. Objektiv betrachtet war dies wahrscheinlich der gefährlichste Moment unserer Reise, denn im wilden Verkehr von Kandy musste man sich ganz auf die Fahrkünste des Tuk-Tuk-Fahrers verlassen, von denen man sich vorab natürlich nicht überzeugen konnte. Unserer hatte einen kleinen Buddha am Außenspiegel hängen, den er ansonsten aber nicht benutzte. Der Verkehr floss offenbar durch eine Reihe von unausgesprochenen Regeln. Dazu gehörte natürlich das Recht des Stärkeren, aber auch das des Lauteren, denn viele Tuk Tuks waren mit überdimensionierten Hupen ausgestattet, mit denen sich Platz verschafft wurde.

Man glaubt gar nicht, wie viele Tuk Tuks nebeneinander auf eine zweispurige Straße passen und wie wenig Platz zwischen den Geräten eingehalten werden muss, um weiterzukommen. Dennoch fühlte sich die Fahrt vom Parkplatz außerhalb der Stadt bis zum Tempel – es waren nur knapp zwei Kilometer – wie eine halbe Weltreise an. Wir waren alle mit den Nerven am Ende, als wir am Tempel ankamen.

Wir hatten das Glück, dass die Mönche des Tempels uns einluden, bis ins Heiligste der Anlage vorzutreten. Es wirkt vielleicht etwas seltsam, aber tatsächlich besitzen solche großen Tempelanlagen eine eigene Presseabteilung. In diesem Fall hatten wir es mit einem verantwortlichen Pressemönch zu tun, der gerade mit der Idee spielte, eine Art »Tempel-TV« zu gründen. Kurz nach unserer Akkreditierung und dem obligatorischen Ausziehen der Schuhe – auf dem Tempelgelände muss man immer barfuß gehen – konfrontierte er mich mit seiner Idee. Er begleitete uns den ganzen Tag, weil er großes Interesse daran hatte, zu verstehen, wie Fernsehproduktionen funktionierten. Entsprechend eifrig war er in seinem Tun, und entsprechend viele Türen öffnete er uns, die westlichen Besuchern normalerweise verschlossen blieben.

Frank und Matthias durften sogar an der Aufbewahrungsstelle des Zahns vorbeigehen und eine Blume niederlegen. Mehr ging nicht.

Zur großen Überraschung unseres begleitenden Pressemönchs interessierten wir uns am Ende natürlich am meisten für die Tiere auf dem Gelände. Zum Zeitpunkt unseres Besuches waren keinerlei Elefanten dort, sie wurden in einer Außenstelle versorgt. Vielleicht auch ganz gut, denn die Zustände, in denen solche Tempelelefanten gehalten werden, haben mit Nächstenliebe relativ wenig zu tun. Oft werden sie jahrelang an kurzen Ketten gehalten. Immer wieder gibt es in Sri Lanka Diskussionen, ob die Tradition der Elefanten in den Tempeln und bei den religiösen Prozessionen nicht verboten werden sollte. Auch dort hat der Tierschutz inzwischen wesentlich mehr Anhänger gefunden – bisher änderte sich für die Tiere allerdings kaum etwas.

Anstelle der Elefanten entdeckten wir eine große Gruppe Hutaffen. Viele Besucher des Tempels brachten extra Nahrungsmittel mit, um die Affen zu füttern, denn auch sie könnten der buddhistischen Auffassung zufolge die Seelen verstorbener Verwandter beherbergen. Den Affen merkte man an, dass sehr viele Menschen diese Tradition pflegten: Alle waren übergewichtig und fielen deswegen nicht nur durch ihre lustige Frisur auf, der sie ihren Namen verdanken. Matthias hatte

Reinschmidts Tierfakten

Hutaffen – sympathische Überlebenskünstler

Die tropischen Regenwälder Sri Lankas sind der natürliche Lebensraum der bedrohten Ceylon-Hutaffen. Sie leben hier endemisch, das heißt, es gibt sie nur auf dieser einen Insel, die früher Ceylon hieß. Ihre Nahrung besteht zu 75 Prozent aus Früchten. Von den 46 Baumarten, die in ihrem Lebensraum vorkommen, nutzen Hutaffen 40 als Nahrungspflanze – womit sie auch eine ganz wichtige ökologische Funktion als Verbreiter von Samen erfüllen, die sie mit den Früchten aufnehmen und anschließend weiterverteilen. Als Hauptbedrohungsfaktor der Hutaffen ist die Lebensraumzerstörung anzusehen, denn durch Abholzung wird immer mehr Raum für Plantagen nutzbar gemacht. Dies ist sicherlich auch der Grund, weshalb sich die Ceylon-Hutaffen als Kulturfolger dem Menschen angeschlossen haben. In den Plantagen werden sie als Ernteschädlinge verfolgt, sie haben aber auch Plätze gefunden, an denen ihnen nicht nach dem Leben getrachtet wird – zum Beispiel in Tempeln oder auf Rastplätzen.

einen Riesenspaß mit den Tieren. Er erkannte zwar keine verwandte Seele, dafür aber seine eigene Frisur in den Tieren wieder.

Die religiöse Verbindung zwischen den Menschen und Elefanten Sri Lankas sollte uns auch am Ende unserer Reise noch einmal bewusst werden. Es ging jetzt mit großen Schritten auf die Auswilderung zu. Alle vier Elefanten, die in die Freiheit entlassen werden sollten, waren Weibchen, inzwischen über 700 Kilo schwer und damit bereit für eine Auswilderung. Einige Tage zuvor waren sie bereits mit ihren jeweils 3500 Euro teuren Sendehalsbändern ausgestattet worden. Die hatten wir aus Europa mitgebracht – als Spende an die Station von Udawalawe. Übrigens nicht die letzte, wir unterstützen das Projekt bis heute regelmäßig.

Schon beim Betreten der Station war spürbar, dass an diesem Tag etwas ganz Besonderes passieren würde. Alle Menschen waren extrem angespannt; die Elefanten, nicht draußen im Gelände, sondern alle auf dem Vorplatz der Milchstation, warteten auf das, was kommen würde. Ein Lkw hatte bereits Position bezogen und seine Heckklappe heruntergelassen, sodass die Hauptdarstellerinnen dort hinaufsteigen konnten. Wie so oft in Sri Lanka hatte man das Gefühl, dass alles ein bisschen zu klein ist. Auch dieser Lastwagen wirkte viel zu mickrig für den Transport von vier fast ausgewachsenen Elefantendamen …

Wir trafen wieder auf Vijitha Perrera, den Tierarzt und Leiter der Station. Er hatte an diesem Tag die wenig angenehme Aufgabe, die vier Elefanten anzusedieren. Ansedieren bedeutet, dass die Tiere leicht betäubt werden, aber nicht komplett einschlafen dürfen. Das ist bei Elefanten essenziell, denn wenn so eine Riesin erst einmal liegt, kann man sie natürlich überhaupt nicht mehr bewegen. Das heißt, es war eine echte Gratwanderung, die an diesem Tag vollzogen werden musste, und das gleich viermal.

Dem sonst so ruhigen Veterinär merkte man die Aufregung an, und auch unser Experte Brian hatte sichtbar erhöhten Puls. Wie jeden Morgen gab es eine große Besprechung, und zu unserer großen Überraschung kam Vijitha Perrera an deren Ende auf uns zu und erklärte uns, dass wir das erste Kamerateam seien, das seine Erlaubnis bekomme, ihn bei der Betäubung der Elefantinnen in die Herde zu begleiten. Wir schauten uns alle erstaunt an. Hatte er gerade tatsächlich gesagt, dass wir als komplettes Kamerateam in eine fünfzigköpfige Elefantenherde gehen durften? Ungeschützt?

Brian erklärte uns später, dass Vijitha Perrera an den Tagen zuvor sehr beeindruckt davon gewesen sei, wie wir mit den Tieren umgegangen waren. Für diese Achtsamkeit gegenüber seinen Schützlingen gab es jetzt sozusagen sein Dankeschön. Wir waren wirklich hautnah

Elefanten-Verladung vor laufender Kamera – da müssen alle mit anpacken.

dran. Kameramann, Tonmann und ich hatten regelmäßig einen Rüssel auf unserem Rücken liegen. Immer wieder wurden wir von kleinen und mittelgroßen Elefanten zur Seite geschubst. An diese Situation gewöhnte man sich nach erstem Unwohlsein schnell – und ich muss zugeben, ich habe sie auch irgendwie genossen.

Das eigentliche Verladen wirkte dann überhaupt nicht harmonisch. Die Tiere wehrten sich nach Leibeskräften, und das ist auch verständlich, denn keine der vier Damen konnte ahnen, dass es nun raus in die Freiheit gehen sollte. Für sie war es einfach nur eine ungewohnte Situation, die ihnen Angst machte. Vor allem, weil sie von ihrer Herde getrennt wurden. Teils waren zwanzig einheimische Helfer gefragt, um ein Tier auf die Ladefläche zu bugsieren. Bei dem letzten mussten sogar wir alle mitanpacken, weil es sonst nicht mehr geklappt hätte.

Über zweieinhalb Stunden dauerte es, bis alle vier Elefanten quer zur Fahrtrichtung auf dem Lkw standen, festgebunden waren und die Heckklappe hochgeklappt werden konnte. Endlich konnte es losgehen. Die Fahrt in den Nationalpark von Udawalawe, das neue Zuhause unserer vier Ladys, war zum Glück nicht lang. Maximal zehn Kilometer waren es, davon allerdings fünf durch völlig unbefestigtes Gelände. An einem kleinen See sollten die Tiere ausgewildert werden. Wer jetzt allerdings glaubt, dass alle Beteiligten das Interesse hatten, die Tiere so schnell wie möglich aus ihrer Lage auf dem Lkw zu befreien, der irrt. Zunächst setzten wir uns alle im Schneidersitz auf den Boden, zwei mitgereiste Mönche verteilten einen langen Bindfaden, der alle Menschen physisch wie spirituell miteinander verband, und man betete gemeinsam.

Im ersten Moment wirkte das auf uns schon etwas seltsam. Wir waren in unseren Gedanken vor allem bei den Elefanten und hofften, dass sie jetzt schnell raus in die Natur konnten, in ihre neue Freiheit. Aber in Sri Lanka steht vor so einer Auswilderung immer eine religiöse Zeremonie, und die beeindruckte uns dann doch alle sehr. Die Stimmung, die dabei herrschte, die Friedlichkeit und Spiritualität waren unglaublich. Die Schnur, die alle hier Sitzenden verband, sollte das gesamte Glück der Menschen bündeln und auf die Elefanten übertragen, damit ihnen in den ersten Tagen nach der Freilassung nichts Schlimmes widerfuhr. Was für ein schöner Gedanke!

Der Udawalawe-Nationalpark ist etwas ganz Außergewöhnliches, nicht nur wegen der vielen freigelassenen Elefanten. Er wurde erst 1972 gegründet, und zwar in einer Region, in der Menschen lebten. Für europäische Verhältnisse kaum vorstellbar, dass zur Errichtung eines neuen Nationalparks Farmer umgesiedelt wurden. Auf dem Weg zur Auswilderung hatten wir immer noch Spuren von damals gesehen. Die Bauernhäuser und Zäune waren zwar weggerissen worden, aber teilweise hatte es die Natur noch nicht geschafft, alle Überreste zu überwuchern.

An diesem kleinen See, an dem auch einmal eine kleine Farm gestanden haben musste, sollten unsere vier Elefantendamen nun also endlich ihren Weg in die Freiheit finden. Nach der Zeremonie atmeten alle tief durch, dann wurde die Klappe des Lkws herabgelassen und die Seile gelöst. Etwas zaghaft und vor allem ganz vorsichtig verließen die Tiere die Ladefläche. Sie traten auf das Gras, folgten einander, streiften durch einige Büsche und entdeckten dann den See, der sie magisch anzog. Begleitet von ihren Tierpflegern machten sie sich auf in ihr neues Leben.

Die vier Elefantendamen wirkten noch etwas verunsichert, aber doch irgendwie glücklich, zumindest glaubten wir das. Frank war tief ergriffen. Er nahm Matthias und Brian in die Arme und freute sich von Herzen für diese wundervollen Tiere. Wenn man diese ganzen Wochen in Sri Lanka zugebracht hatte und wusste, was sie alles durchgemacht hatten, war das wirklich eine große Erleichterung. Sie waren allen Strapazen zum Trotz gesund und munter angekommen.

Frank Elstner & Brian Batstone

Frank Elstner:

Lieber Brian, wir haben mit dir damals ein wirklich bemerkenswertes Land bereist. Wie lässt es sich erklären, dass die Menschen in Sri Lanka so verantwortungsvoll mit den Tieren umgehen?

Brian Batstone:

Die Bevölkerung besteht mehrheitlich aus Buddhisten – und die meisten Buddhisten sind Vegetarier. Im Gegensatz zu vielen anderen südostasiatischen Ländern hat Sri Lanka keine Märkte, auf denen seltene einheimische Tiere verkauft werden. Es ist nicht üblich, ja sogar verpönt, Reptilien, Singvögel und viele der einheimischen Säugetiere zu essen. Seit 1970 ist das Fallenstellen und Bejagen von wilden Tieren komplett verboten. Zusätzlich steht Naturbewusstsein seit vielen Jahren auf dem Lehrplan der Schulen Sri Lankas, daher sind sich die Einwohner der einheimischen Flora und Fauna bewusst. Und sie wissen auch, dass etwa eine Million Touristen pro Jahr wegen der reichhaltigen Naturschönheiten das Land besuchen. Dennoch ist es für ein Entwicklungsland wie Sri Lanka eine Herausforderung, die ökologischen und wirtschaftlichen Entwicklungsziele in ein Gleichgewicht zu bringen.

Wie viele Elefanten sind aktuell in der Station von Udawalawe, und warum mussten sie bei euch aufgenommen werden?

Zurzeit leben fünfundfünfzig Tiere im Alter von einem bis sieben Jahren im »Elephant Transit Home« (ETH). Die Gründe sind fast immer dieselben – ich muss dafür aber ein bisschen ausholen: Wilde Elefanten fressen 16 bis 18 Stunden am Tag, im dicht besiedelten Sri Lanka häufig in der Nähe menschlicher Siedlungen. Wenn Elefanten auf Reis- oder Gemüsefelder, Obst- oder Bananenplantagen treffen, werden sie von den Bauern verjagt – oft mit Knallkörpern. Das erschreckt die Herde, und vor allem die Jungtiere rennen in Panik weg. Die teils traumatisierten oder verletzten Jungtiere verlieren den Anschluss an die Herde und bleiben hilflos und verwaist zurück. Diese Jungtiere werden dann ins ETH gebracht. Das ist der häufigste Fall.

Sag mal, wie oft und wie viel Milch bekommt so ein Minielefant am Tag? Bis er groß ist, müssen das ja gigantische Mengen sein …

Die verwaisten Elefanten kommen meist in sehr schlechtem Zustand ins ETH. Viele sind dehydriert oder verletzt, in den ersten Tagen sind die Jungtiere in einer kritischen Verfassung. Der Wechsel von Muttermilch zu künstlicher Babymilch für Menschen, die angereichert ist mit Mineralien und Vitaminen, ist nicht unkompliziert. In den ersten Tagen kommt es häufig zu Durchfall. Die Jungtiere werden alle drei Stunden, auch nachts, gefüttert. Je nach Alter gibt es zwei bis fünf Liter pro Mahlzeit, insgesamt werden zweihundert Liter für die Herde angerührt – für eine einzige Fütterung.

Du hast uns ja immer wieder gesagt, Sri Lanka sei das Land mit der höchsten Dichte an Elefanten weltweit – wie kommen die Menschen damit klar? Was wird getan, um Zwischenfälle mit Elefanten zu verhindern?

Die größte Gefahr für Elefanten ist die immer größer werdende Nachfrage nach Land für die menschliche Besiedlung. Elefanten brauchen eine große Menge Futter und suchen sich dieses gegebenenfalls auch in Pflanzungen. Das führt zu Konflikten zwischen Menschen und Elefanten – Verletzungen und Todesfälle gibt es auf beiden Seiten. Gefährliche Elefanten werden vom staatlichen Wildlife Department in weiter entfernte, nicht so dicht bewohnte Gebiete umgesiedelt. Dazu wurden jetzt auch Korridore zwischen Nationalparks geschaffen, damit die Elefanten wandern können, ohne auf Dörfer zu treffen. Das ist ein Fortschritt, allerdings ist der Konflikt zwischen Menschen und Elefanten weiterhin ein großes Problem und wird es auch in der Zukunft bleiben.

Besonders getroffen hat mich auf unserer Reise das Schicksal von Namal, dem Elefanten mit der Beinprothese. Wie geht es ihm, und wie sieht seine Zukunft aus?

Namal ist jetzt fast zehn Jahre alt. Trotz seiner Behinderung lebt er recht zufrieden mit zwei Pflegern, die sich um ihn kümmern. Im ETH hat Namal den Status einer Berühmtheit. Jeden Tag kommen Hunderte Besucher, die hoffen, einen Blick auf den Elefanten mit dem großen Lebenswillen zu werfen. Ich mache mir dennoch Sorgen, und zwar bezüglich Namals Verhalten, wenn er in die Musth kommt – das ist eine jährlich auftretende Zeit von erhöhtem Testosteronspiegel, in der Elefantenbullen sehr aggressiv sein können. Ich habe bereits einige Trainingseinheiten mit Namal gemacht, um seinen Pflegern zu zeigen, wie man gefahrlos mit ihm umgehen kann, wenn er während der Musth aggressiv wird. Es bleibt aber eine heikle Zeit für alle.

Einer der Schockmomente meines Lebens war unser hautnahes Zusammentreffen mit einem Elefanten bei unserer Safari im Yala-Nationalpark. Das Tier hat mich ja richtig angerüsselt im Vorbeilaufen. Wie verhält man sich richtig gegenüber Elefanten?

Ich hatte bereits einige Begegnungen mit wilden Elefanten. Aber das unglaubliche Zusammentreffen im Yala-Nationalpark zusammen mit dir, Christian und Matthias ist mir noch so nahe, als ob es gestern gewesen wäre. Gemunu ist ein zwanzig Jahre alter Elefantenbulle, der für sein ungewöhnliches Verhalten bekannt ist. Als Jungtier wurde er von einheimischen Touristen gefüttert, da viele Sri Lanker glauben, dass es ihnen Glück bringt, wilde Elefanten zu füttern. Gemunu weiß offensichtlich, dass um 18 Uhr eine Kolonne Jeeps mit Touristen die Straße entlangfährt, um den Park zu verlassen. Er untersucht jeden einzelnen Jeep nach Nahrungsmitteln. Falls er zum Beispiel Bananen, Ananas, Kekse oder Butterbrote riecht, fordert er dieses Futter, wenn nötig nimmt er es sich einfach. Obwohl wir damals keine Nahrungsmittel dabeihatten, wurdest du von Gemunu mit dem Rüssel berührt. Ein wilder Elefant, der einen Menschen berührt, ohne ihn zu verletzen, ist sehr selten. Deine Begegnung ist wirklich einzigartig.

Diesen Hintergrund kannte ich auch noch nicht. Ich kann nur sagen, dass mich unsere Reise wirklich beeindruckt hat. Ich drücke dir für deine Projekte mit den Elefanten weiter alle Daumen!

Die Auswilderung zeigt, wie wichtig dieses Projekt ist – und wie erfolgreich. Zum Zeitpunkt unserer Reise gab es bereits dreiundzwanzig Babyelefanten, die von ausgewilderten Tieren geboren worden waren. Sechs Jahre nach unserem ersten Besuch war ich wieder in Udawalawe. Wie bei vielen unserer Projekte ist es nicht so, dass wir nach unserer

Kleine Elefanten, geboren in der freien Natur – das ist das Ziel der Artenschützer.

Reise nie wieder Kontakt haben. Nein, wir bleiben verbunden und versuchen, sie so gut wie möglich zu unterstützen. Entweder durch Spendenaufrufe oder aber, wie in diesem Fall, durch einen erneuten Besuch und einen Dreh mit den Tieren, um den Zuschauern in Deutschland zu zeigen, wie es ihnen ergangen ist.

Tatsächlich ist die Anzahl der Elefanten in der Station noch größer geworden, aber auch die Erfolge wurden größer. Zum Zeitpunkt unseres zweiten Drehs gab es die vermutlich größte Elefantenauswilderung asiatischer Elefanten, die jemals stattgefunden hat. Zwanzig Tiere, alles ehemalige Waisenkinder, wurden als komplette Herde freigelassen.

Was für ein Moment! All diese Tiere hatten wir als winzige Babys in der Station kennengelernt, hatten sie beim Milchtrinken gesehen, und nun durften sie raus in die Freiheit.

Und auch Namal, den dreibeinigen Elefanten, traf ich bei dieser Gelegenheit wieder. Ich war wirklich überrascht, ihn in so guter Verfassung zu sehen. Natürlich, ein Tierarzt würde sagen: »Er geht nicht rund.« Wie auch? Er ist zwei Tonnen schwer und geht auf einer neuen Prothese, die durch Spenden des Zoos in Köln finanziert wurde. Aber immerhin kann er inzwischen in einer erstaunlichen Geschwindigkeit gehen und auf Zuruf seine Prothese selbst an- und ausziehen. Zusätzlich bekommt er eine Art Physiotherapie: Brian und die Tierpfleger in Udawalawe gehen regelmäßig mit Namal in einem nahe gelegenen See schwimmen. Wer hätte das gedacht? Ein dreibeiniger Elefant geht mit seinen Tierpflegern schwimmen, als wäre es das Normalste auf der Welt. An Land noch etwas behäbig, weil er kurz vor dem Einstieg ja seine Prothese ausziehen muss, ist er im Wasser quasi nicht mehr zu halten. Er tobt, er spritzt, er schubst seine Tierpfleger immer wieder vom Rücken ins Wasser und »rettet« sie dann. Das Tier hat wirklich Freude an dem, was es da tut. Und genau für solche Erlebnisse, für solche emotionalen Geschichten machen wir unsere Reisen!

BAHAMAS

Haie hautnah

Von Christian Ehrlich

Da stand er nun also, Frank Elstner, in einem Neoprenanzug mit Schwimmflossen und Taucherbrille. Nur einen Schritt davon entfernt, mit etwa fünfzig Riffhaien ins Wasser zu gehen. Selbst zu diesem Zeitpunkt waren Matthias und ich nicht sicher, ob er das wirklich tun würde. Während der gesamten Reise auf die Bahamas hatte sich Frank gegen diesen Moment gewehrt. Und jetzt?

Ihm war es einfach unheimlich, mit diesen Raubfischen tatsächlich ins Wasser zu gehen – ohne schützenden Käfig rundherum, versteht sich. Frank sollte einfach so eine kleine Metallleiter vom Boot herunter in den Atlantik steigen und mit den Haien schwimmen. Matthias und ich hatten das eine Stunde vorher bereits ausgiebig gemacht. Wir waren dabei unterwegs mit Stuart Cove, dem vielleicht bekanntesten Haitaucher der Welt. Er war es, der in den Siebziger- und Achtzigerjahren in den »James Bond«-Filmen sämtliche Szenen mit Haien unter Wasser gedreht hatte. Und auch bei Steven Spielbergs berühmt-berüchtigtem Film »Der weiße Hai« hatte er seine Finger mit im Spiel. Er konnte also nicht behaupten, er sei unschuldig daran, dass so viele Menschen Angst vor diesen Raubfischen haben.

Jetzt aber versuchte er, den deutschen TV-Entertainer zu beruhigen. Er erklärte, dass mehrere Hundert Touristen jedes Jahr an dieser Stelle mit den Haien tauchen gingen und deswegen keine besonders große Gefahr bestehen würde. Die Aussage »keine besonders große Gefahr«

hatte Frank natürlich genauestens gehört. Unglücklicherweise stieg unser Experte und Haischützer Josef Baron Kerckerinck zur Borg, von allen schlicht »Jupp« genannt, genau an dieser Stelle mit in das Gespräch ein und erzählte ausgerechnet jetzt seine Geschichte vom »Test-

Auf den Bahamas kommt man Haien wirklich sehr nah – hautnah … [9]

biss«: Ein Hai hatte ihm einmal, sagen wir mal: den Arm angeknabbert, um herauszufinden, ob man diesen fressen kann, aber sofort wieder losgelassen, weil er nach Neoprenanzug schmeckte. All das führte nicht dazu, dass Frank ein größeres Vertrauen in unser Vorhaben gewann. Er war bekanntlich immer etwas zurückhaltend, wenn es auf das hautnahe Aufeinandertreffen mit wilden Tieren hinauslief. In diesem Fall war es aber noch etwas extremer als sonst, schließlich musste er für das Zusammentreffen in ein völlig anderes Medium einsteigen, genauer: in den Atlantik.

Eigentlich hatten Matthias und ich das Vorhaben irgendwann abgehakt. Gut eine Stunde dauerten die Diskussionen, ob Frank nun ins Wasser gehen wolle oder nicht, und ich hatte mein Kamerateam bereits angewiesen, Ersatzbilder zu drehen, da wir vermutlich die erhoffte Szene, auf die wir alle gewartet hatten, nicht bekommen würden. Und das hätte ich sogar akzeptiert. Ich verstand Frank. Etwa eine Woche zuvor war ich zum allerersten Mal in meinem Leben mit Haien im Wasser gewesen. Zusätzlich war es erst der zehnte Tauchgang meines Lebens. Auch ich hatte dabei »ordentlich Puls« und einen heftigen Adrenalinstoß genossen. Genau so musste es Frank jetzt gehen, der zu allem Überfluss sehr ungern schnorchelte und dies auch erst wenige Jahre zuvor auf unserer Reise nach Australien gelernt hatte. Frank mag es nicht, den Kopf unter Wasser zu haben, und dann auch noch all die Haie …

Stuart hatte die Riffhaie längst an das Boot herangelockt. In einem kleinen Käfig an der Seite hatte er tote Fische als Köder platziert, und die Beute in Reichweite sorgte dafür, dass die Haie regelmäßig sogar an das Boot anstießen und man die Flossen ganz toll sehen konnte. Und dann passierte das Unglaubliche, für das ich Frank bis heute zutiefst bewundere. Er nahm sich ein Herz und sagte in die Runde: »So, Leute, dann gehe ich jetzt mal rein.«

Wir schauten uns alle ungläubig an, ich zog schnell meine Tauchausrüstung an, schnappte mir die Unterwasserkamera und sprang voran. Frank schritt langsam, aber doch entschlossen die Leiter hinunter und war plötzlich mitten in einem Schwarm von etwa fünfzig Riffhaien. Es war nicht zu fassen!

Letztlich ging es ihm so wie vielen anderen Tauchern vor ihm und auch mir bei meinem ersten Haitauchgang: In dem Moment, als er die Haie in ihrem eigenen Habitat traf, verlor er die Angst. Mehr noch: Schon nach einer Minute reckte er den Kopf aus dem Wasser, um dem an Bord verbliebenen Baron zuzurufen: »Jupp, das ist ja fantastisch! Hätte ich das doch bloß schon früher gemacht.«

Genau dafür waren wir auf die Bahamas gekommen, für diesen Moment! Wir wollten den Zuschauern zeigen, wie faszinierend die so verschrienen größten Raubfische der Meere, aber auch wie wichtig sie für das Ökosystem der Ozeane sind. Denn ohne die Haie drohen ganze Lebensgemeinschaften im Meer abzusterben. Haie erfüllen als »Topprädatoren« nämlich eine unglaublich wichtige Funktion: Sie sorgen dafür, dass sich andere Raubfische nicht überdimensional vermehren, und sind zudem so etwas wie die Gesundheitspolizei, indem sie kranke und verletzte Fische möglichst schnell fangen und fressen, bevor sie andere Tiere anstecken können.

Ohne die Haie gerät das gesamte Gefüge in den Weltmeeren durcheinander. Und das passiert bereits an einigen Stellen der Erde. Kein Wunder: Jedes Jahr werden etwa 100 Millionen Haie getötet. Eine unvorstellbare Zahl. Etwa ein Drittel aller Haiarten ist inzwischen vom Aussterben bedroht. Der Hauptgrund für dieses Gemetzel auf hoher See ist eine Suppe. Die Haifischflossensuppe wird in Teilen Südostasiens, vor allem in China und Vietnam, in erster Linie zu Hochzeiten gegessen. Das ist eigentlich keine besonders gute Idee, denn erstens trägt jeder, der von dieser Suppe isst, eine Teilschuld daran, dass diese wunderbaren Tiere aussterben, und zweitens schmecken die Flossen noch nicht einmal nach irgendetwas. Es handelt sich ja quasi nur um Knorpel und Haut. Doch wie so oft sind solche Traditionen nur schwer zu durchbrechen, und so geht das Töten im industriellen Maßstab immer weiter. Teils legal, teils illegal.

Die Bahamas, die wir für diesen Film 2018 bereisten, gehen da einen ganz besonderen Weg. Die aus siebenhundert Inseln bestehende Nation hatte sich 2011 als eines der ersten Länder weltweit dazu entschlossen, ihre kompletten Hoheitsgebiete der Meere unter Schutz zu stellen. Das Töten von Haien wurde streng verboten. Mit einer unglaublich spannenden Entwicklung. Ein Fischer, den wir auf einer abgelegenen Insel der Exumas (einer bei Tauchern besonders beliebten Inselgruppe) trafen, erklärte uns, während er gerade seinen Fang des Tages entschuppte, dass dies eine der besten Entscheidungen der Regierung gewesen sei. Denn seit die Haie nicht mehr gefangen werden dürften, sei die Population der Fische massiv angestiegen, und außerdem hätten unglaublich viele seiner Freunde endlich einen vernünftigen Job. Sie arbeiteten nun im Tourismus, führten Taucher zu den Haien und zu Korallenriffen und sorgten so dafür, dass die zuvor gefürchteten Tiere fast einer halben Nation ein vernünftiges Auskommen verschaffen konnten. Eine ganz erstaunliche Entwicklung, die zeigt, dass Naturschutz und Tourismus durchaus Hand in Hand gehen können.

Dabei kann der Tourismus auf den Bahamas ganz schön herausfordernd sein. Das merkten wir schon bei unserer Anreise. Der Flug ging über London und dann weiter nach Nassau, der Hauptstadt der Bahamas. Eine Stadt mit 250 000 Einwohnern, was man allerdings kaum bemerkt. Das Ganze wirkt eher wie ein großes Fischerdorf, die meisten Häuser sind aus Holz gezimmert, und die höchsten Erhebungen der Stadt sind in der Regel die vor dem Hafen liegenden Kreuzfahrtschiffe.

Ein wenig Überwindung kostet es schon, vom Boot aus mitten in einen Schwarm Riffhaie zu steigen.

Davon kommen jedes Jahr viele Hundert. Und das hat Folgen. Denn diese Touristen bleiben nicht lange und helfen weder den Menschen noch den Tieren vor Ort. Etwa 6,1 Millionen sollen es vor Pandemiebeginn gewesen sein, die Nassau oder einen anderen Ort der Bahamas per Kreuzfahrtschiff angesteuert haben. Oft bleiben sie nur wenige Stunden. In dieser Zeit kaufen sie maximal ein paar Souvenirs, die meisten essen noch nicht mal etwas in Nassau, weil ihr Essen auf dem Kreuzfahrtschiff ja »all inclusive« ist.

Nur einige Zehntausend bleiben mehrere Wochen, und das sind fast immer diejenigen, die sich für die Unterwasserwelt der Bahamas interessieren. Dazu gehörten auch wir. Allerdings mit einer gewissen Verzögerung, denn nach unserer Ankunft in Nassau – wir wurden eifrig begrüßt von einigen Behördenvertretern, die alle unsere Genehmigungen kontrollieren wollten – stellte man fest, dass unser Gepäck in Teilen beim Umsteigen in London liegen geblieben war. Wobei »Teile des Gepäcks« in diesem Fall fast schon etwas untertrieben war, denn eigentlich hatten wir nur zwei Koffer, teilten uns also unsere Kleidung in den nächsten Tagen, bis das Gepäck vollständig eingetroffen war. Die Folge: Die ersten zwei Tage drehten wir exakt nichts.

Mit Haien zu tauchen ist Herausforderung und Erlebnis zugleich.

Dieser holperige Start machte die restliche Reise relativ hektisch, denn die fand zu großen Teilen auf einem Katamaran statt. Frank ist ein begeisterter Seefahrer, könnte man fast sagen. Er besaß selbst ein Boot und ist es deswegen gewohnt, auch lange Zeit auf dem Meer zu verbringen. Matthias geht das komplett anders. Schon eine Stunde nachdem wir uns mit allerlei Proviant und unserer inzwischen angekommenen Technik auf dem kleinen Katamaran eingerichtet hatten, ging es ihm richtig schlecht. Den restlichen Tag sahen wir ihn nicht, sodass an diesem Tag der Dreh erneut ausfallen musste. Matthias lag schwer seekrank unter Deck. Frank konnte sich natürlich den ein oder anderen Spruch nicht verkneifen und verbrachte so einen redseligen Tag an Deck zusammen mit seinem Freund Baron Jupp von Kerckerinck.

Frank und Jupp hatten sich in »Menschen der Woche« kennengelernt, auch in der Talkshow ging es um Haie, und sie hatten danach auf der After-Show-Party eine Wette abgeschlossen. Ja, wir wissen, Frank wettet gern! In dem Fall ging es darum, dass Frank Jupp das Versprechen abgerungen hatte, mit ihm zusammen einmal Fallschirm zu springen. Das hatten die beiden wenige Jahre zuvor getan. Nun kam Frank also nicht mehr um die Gegenwette herum, denn Jupp hatte im Gegenzug gefordert, dass Frank einmal mit Haien schwimmen sollte – mit echten Haien, wie er betonte. Daran erinnerte er Frank auch nur zu gerne, denn Franks Gesichtsausdruck, was das anging, war äußerst zweifelnd.

Kurz vor der Abreise hatte er mir noch gesagt: »Christian, glaub ja nicht, dass ich da wirklich reingehe. Wir müssen irgendeine Lösung finden, dass es nicht ganz so peinlich ist, wenn ich am Ende nicht mit den Haien schwimme.« Dass dies am Ende der Reise komplett ins Gegenteil umschlagen würde, diese Wette wäre niemand von uns eingegangen.

So waren wir nun aber erst einmal mit unserem Boot unterwegs in Richtung Exumas. Die abgelegene Inselgruppe am Rand der Bahamas kommt dem, was wir uns unter einem »Paradies« vorstellen, schon sehr nahe. Das Wasser ist türkisblau und nirgendwo besonders tief, es gibt überall Korallenriffe und kleine Inseln mit wenig hohen Bäumen und Büschen darauf sowie weiße Strände. Jupp und ich hatten uns für Frank eine besondere »Einstiegsaufgabe« ausgesucht. Wir besuchten Tucker Rolle auf »seiner« Insel, die heißt Compass Cay. Eigentlich gehört ihm das Eiland nicht wirklich, irgendwann hat er einfach dort ein Haus gebaut, und im Laufe der Zeit ist es irgendwie zum Gewohnheitsrecht geworden, dass er auf dieser Insel wohnt, dort auch Touristen empfängt und ein kleines Restaurant betreibt. Gekauft, wie seine berühmten Nachbarn, ganz viele Hollywoodstars und Politiker aus den USA, hat Tucker die Insel nie. Dafür ist er aber weit und breit bekannt, denn ihm passierte ein kleines – wie er es selbst nennt – »Missgeschick«.

Vor einigen Jahren fand er einen verletzten jungen Ammenhai in seinem Hafenbecken. Ihm tat der Fisch leid, sodass er ihn mit Fischresten langsam aufpäppelte. Nach und nach wurden es immer mehr Ammenhaie, die in seinem Hafenbecken ein Zuhause fanden. Heute sind sie eine regelrechte Touristenattraktion, denn die Tiere sind, man kann es gar nicht anders sagen, fast schon zahm. Und in diesem Hafenbecken wartete nun die erste Mutprobe auf Frank. Jupp wollte seinem berühmten Mitreisenden beweisen, dass Haie alles, nur keine blutrünstigen Killer sind. Dazu stiegen wir alle in das Hafenbecken zu den etwa zwanzig Ammenhaien. Dazu muss man wissen, dass Ammenhaie, Jupp sagte es relativ salopp, »keine echten Haie« sind. Diese Art bewegt sich nicht frei schwimmend im Meer, sondern liegt den größten Teil des Tages am Meeresboden und hat auch keines dieser berühmten Haigebisse, sondern eher eine Art Saugmaul. Daher auch der Name Ammenhai, weil sich das Fressgeräusch ein bisschen anhört wie das Saugen eines Säuglings.

Nun standen wir da, das Wasser ungefähr 1,40 Meter tief, und sahen zu, wie Tucker seine Ammenhaie langsam herbeilockte. Dazu schmiss er einfach ein paar Fischreste ins Wasser rund um uns herum. Ganz wohl war uns allen nicht, aber wir hatten auch keine Zeit, das Ganze zu diskutieren, denn keine Stunde später sollte eine Horde Japaner kommen, die Compass Cay als Touristenziel gebucht hatte.

Fünf Minuten später hatten wir alle bereits Kontakt mit Haien gehabt. Außer Frank. Der hatte sich bisher deutlich zurückgehalten und erst einmal geschaut, wie die anderen mit den Tieren umgingen. Doch nun nahm Jupp Franks Hand, führte sie zu einem der vorbeischwimmenden Ammenhaie, damit dieser das Tier streicheln konnte. Sein Gesicht war erstaunt, denn Haie fühlen sich nicht so an wie andere Fische. Ihre Haut fühlt sich an wie, na ja, man könnte sagen: Schmirgelpapier. Der Grund: Die Haut der Haie besteht aus Abermillionen kleiner Zähnchen, und wenn man »gegen den Strich« streichelt, kann man sich tatsächlich die Haut aufreißen – so spitz und scharf sind sie.

Sofort nach Franks erstem hautnahen Kontakt mit einem Hai merkte man, dass seine Ressentiments gegenüber diesen Tieren deutlich abnahmen: Er begann neugierig zu fragen. Jupp musste ihm alle mög-

Die Ammenhaie von Compass Cay sind manchmal geradezu aufdringlich … [10]

lichen biologischen Daten zu den Fischen erklären, und mit jeder Information, die Frank aufsaugte, sank sein Angstlevel vor den etwa zwei Meter großen Tieren. Bis zu diesem einen Moment: Während des Interviews hatte Jupp gesehen, dass ein Stück Fischköder unweit der Kamera entlangtrieb. Völlig unbedacht und abgelenkt durch unsere ständigen Fragen griff er danach, um den Fisch neu zu platzieren und vielleicht einen Hai vor die Kamera zu bekommen. Er hatte aber nicht darauf geachtet, dass bereits einer der Ammenhaie den Happen entdeckt hatte und mit ordentlichem Schwung darauf zuschwamm. Und dann passierte es: Jupp wurde gebissen von einem Ammenhai – zu denen er uns kurz zuvor noch erklärt hatte, dass die eigentlich nicht beißen. Kleiner Spoiler: Es sollte nicht das letzte Mal sein, dass Jupp auf dieser Reise gebissen wurde.

Trotz dieses kleinen Schreckmoments war es wirklich ein wunderbarer Auftakt unserer Dreharbeiten, nachdem die Anreise nicht nur wegen des fehlgeleiteten Gepäcks und der Seekrankheit etwas beschwer-

Reinschmidts Tierfakten

Ammenhaie – die »Staubsauger des Meeres«

Die Ammenhaie gehören zu den friedlichen Haien, die vor allem nachts, in flacheren Gewässern bis siebzig Metern Tiefe, am Meeresboden gemächlich nach ihrer Beute suchen. Insbesondere Wirbellose, wie Krabben, Kraken, Kalmare oder auch Fische, die sich in Geröll- oder Felsspalten verstecken, gehören zu ihrem Nahrungsspektrum. Um an die Beutetiere zu gelangen, haben die Ammenhaie eine ganz eigene Technik entwickelt: Sie setzen ihr Maul an der Felsspalte an und erzeugen durch die schnelle Ausdehnung des Schlundes einen Unterdruck, der das Beutetier förmlich aus der Höhle in das Maul des Hais saugt – so ähnlich wie ein Staubsauger.

lich gewesen war. Schließlich lebten wir in großer Enge auf einem Katamaran. Zehn Tage lang konnten wir das Schiff nicht verlassen, es war unser Zuhause und in gewisser Weise auch unser Studio. Wir mussten selber kochen, und keine Schlafkabine war größer als zwei Quadratmeter. Umstände, die selbst für erfahrene Camper irgendwann bedrückend gewesen wären. Aber da zahlte sich aus, dass wir ja bereits seit acht Jahren immer wieder gemeinsam unterwegs gewesen waren und sich das Ganze eher anfühlte wie ein Schulausflug. Auf den Fahrten von Insel zu Insel, also immer dann, wenn nicht gedreht wurde, setzten wir uns an Bord gemütlich zusammen, und jeder erzählte einen Schwank aus seinem Leben. Matthias und Frank hatten immer einen passenden Witz parat, den sie teilweise schon vorher zu Hause vorbereitet hatten.

Anderes war weniger vorbereitet. So landeten wir nach den Dreharbeiten auf der sogenannten Dracheninsel (dort leben Bahamische Felsenleguane) durch eine Sturmwarnung plötzlich im sicheren Hafen von Highborne Cay. Dort trafen wir den bereits erwähnten Fischer, der ganz glücklich darüber war, dass die Haie in seinem Land geschützt wurden, und erklärte, dass trotzdem immer wieder Trawler aus fremden Ländern, zum Beispiel aus China, versuchten, illegal in die Hoheitsgewässer der Bahamas einzudringen, um dort doch Haie zu fischen. Er regte sich fürchterlich darüber auf, dass diese Leute weder Respekt vor den Einwohnern der Bahamas noch vor den Haien hätten.

Es war eines dieser vielen zufälligen Treffen auf unseren Reisen, die so häufig vorkamen, weil wir, man muss es leider zugeben, relativ oft mit nur einer groben Planung losfuhren – ein Drehbuch oder Ähnliches gab es nie. In diesem Fall hatte der Sturm uns auf eine Insel gebracht, die wir gar nicht auf dem Schirm hatten. Wir wären nie einfach so dorthin gefahren, dabei war es dort wunderschön. Bis heute erzähle ich jedem, der mich fragt, was denn der schönste Ort sei, an dem ich je gewesen bin: Highborne Cay. Es war ein ganz besonderer Abend mit einem atemberaubenden Sonnenuntergang, den wir hier zusammen mit dem Fischer Joel Miller verbrachten. Der Mann, der nie Biologie oder etwas Ähnliches studiert hatte, glänzte mit einem unglaublichen Wissen über das Zusammenleben der Tiere im Meer. Er erzählte einem staunenden Frank Elstner, dass es über fünfhundert verschiedene Haiarten gibt und all die Angst, die wir haben, vor allem aufgrund von Übertreibungen entstanden sei. Die kleinsten Haie sind nur sechzehn Zentimeter lang, die größten immerhin vierzehn Meter – aber nur vierzehn von diesen fünfhundert Arten haben jemals einen Menschen getötet.

Für alle Freunde von Statistiken: Pro Jahr sterben durchschnittlich zehn Menschen durch Haiangriffe. Das ist erstaunlich wenig, wenn man es einmal mit anderen Tieren, dem Straßenverkehr oder den berühmten herunterfallenden Kokosnüssen vergleicht (Letzteres ist natürlich Quatsch). Und mit noch einem Vergleich konnte Joel aufwarten: Die Bahamaer verdienten inzwischen durch den Tourismus mit Haitauchen deutlich mehr, als sie früher jemals durch die Tötung von Haien eingenommen hatten. Der Schutz der Tiere brachte also auch einen ökonomischen Vorteil, nicht nur einen ökologischen.

Am nächsten Tag ging es weiter auf eine der berühmtesten Inseln der Bahamas. Vermutlich hat jeder, der sich für tropische Reiseziele interessiert, schon einmal Bilder der schwimmenden Schweine auf Big Major Cay gesehen. Wie genau die Tiere dorthin gekommen sind, ist bis heute übrigens nicht ganz geklärt, aber wir wissen aus eigener Erfahrung: Es sind Spätaufsteher. Ich hatte an diesem Tag alle extrafrüh geweckt, um mit unserem Katamaran pünktlich an der Insel anzulegen, bevor kurz vor Mittag die vielen Speedboote aus der Hauptstadt eintreffen, um die Tiere abzupassen. Letztlich muss man sagen, waren wir deutlich zu früh da, und das kritisierte Langschläfer Frank natürlich intensiv. Die berühmten Schweine lagen jedenfalls noch pennend in den Büschen.

Vorsicht, bissig! Die schwimmenden Schweine sind gleichermaßen berühmt und gierig.

Ich hatte also die etwas schräge Aufgabe, bewaffnet mit etwas Toastbrot in die Vegetation der Insel vorzudringen und laut rufend eine kleine Gruppe Schweine aufzuwecken. Nach einigem missmutigen Grunzen hatte ich Erfolg. Gegen neun Uhr waren die Schweine endlich wach und hatten realisiert, dass da Menschen sind, die sich, so wie jeden Tag viele Dutzend andere Touristen, um ihr leibliches Wohl kümmern wollten.

Wir hatten unseren Proviant extra zu diesem Zweck ordentlich aufgestockt und jede Menge gesundes Obst und Gemüse sowie Toast mitgebracht, damit die Schweine auch etwas von unserem Dreh hatten. Und es war wirklich herzallerliebst! Zunächst kamen die Ferkel, die meisten davon waren erst in diesem Jahr geboren worden, zu uns und schwammen in dem kristallklaren Wasser auf uns zu. Die Unterwasserbilder, die ich davon anfertigen konnte, sind wirklich zum Totlachen, und Frank hatte ein riesengroßes Lächeln im Gesicht. Diese Situation gefiel ihm zusehends. Er verglich das Leben dieser Schweine mit dem ihrer Artgenossen, die bei uns in Massentierhaltung leben müssen, nur damit wir billiges Fleisch in die Pfanne oder auf den Grill werfen können. Dort haben sie häufig nicht mehr als einen Quadratmeter pro Schwein, hier aalten sie sich an einem schneeweißen Strand, gingen immer wieder ins Wasser, sobald sich ein Boot der Insel näherte, um ein wenig Essen abzugreifen – ein Schweineparadies.

Natürlich hatte all dies mit Naturschutz oder gar Artenschutz überhaupt nichts zu tun, schließlich gehörten die verwilderten Hausschweine eigentlich gar nicht auf diese Insel. Aber das Ganze ist eine Art Symbol für den Tierschutz und für glückliche Schweine auf dieser Erde.

Baron »Jupp« nahm uns über und unter Wasser mit zu den Naturphänomenen der Bahamas. [11]

Und dann kam Baron Jupp. Der aus dem Münsterland stammende Adelige wollte auch mal füttern und nahm unsere Tüte mit dem Toast an sich, um die größte Sau der Rotte anzulocken und dazu zu bringen, Männchen zu machen. Eine schöne Idee, doch er war nicht schnell genug. Und so geschah es, dass er zum zweiten Mal auf dieser Reise gebissen wurde – diesmal von einem Schwein. Und auch das sollte nicht sein letzter Biss gewesen sein.

Frank Elstner & Jupp Kerckerinck

Frank Elstner:

Lieber Jupp, unsere Reise auf die Bahamas ist ja eine der vielen Geschichten meines Lebens, die mit einer Wette begannen. Hand aufs Herz: Hast du wirklich geglaubt, ich würde mit dir zu den Haien gehen?

Jupp Kerckerinck:

Ja, das habe ich wirklich geglaubt, denn du hast bei unseren Gesprächen bei »Menschen der Woche« ein dermaßen starkes Interesse an den Haien gezeigt, wie ich es nur selten vorher erlebt habe.

Warum müssen wir uns aus deiner Sicht mehr denn je für den Schutz der Haie einsetzen?

Haie gehören zu den wichtigsten Tieren im Meer. Die Riffhaie zum Beispiel schützen die Korallenriffe, indem sie kleinere Raubfische kurzhalten, die sonst die Fischchen fressen würden, die das Riff von Grünalgen befreien. Diese Algen konkurrieren mit den Korallen um das Sonnenlicht, und wenn sie zu stark zunehmen, kann das Riff ersticken. Klingt etwas kompliziert, in der Natur greift aber eben alles ineinander. Ein Riff ohne Riffhaie stirbt in etwa einem Jahr ab. Haie sind auch die »Polizei im Meer«, denn sie erhalten das biologische Gleichgewicht in diesem größten und wichtigsten Ökosystem der Erde. Man sagt deshalb auch: »Wenn die Haie sterben, stirbt auch das Meer.« Wir haben bereits einige Haiarten zu 70 Prozent ausgerottet, was vielleicht nie wiedergutzumachen ist.

Du hast ja erst mit sechzig Jahren mit dem Tauchen begonnen – was hat dich dazu getrieben?

Wie so vieles im Leben beruht auch das auf einem Zufall. Angetrieben hat mich meine Tochter Philipa, die mich anlässlich einer Reise auf die Bahamas aufgefordert hat, den Tauchschein zu machen. Dann sah ich später im Internet die Werbung für eine Reise, bei der man aus einem Käfig heraus Weiße Haie aus der Nähe beobachten konnte. Auf dieser Reise habe ich mich dann in die Haie verliebt. Ich habe bald danach meinen Wunsch, ohne Käfig mit Haien zu schwimmen, wahr gemacht und bin seitdem nie mehr in einen Käfig gestiegen.

Du sagst »Liebe« – woher kommt diese große Faszination für Haie?

Das Wort »Faszination« hat eine doppelte Bedeutung bei Haien: Mein Mentor, der Biologe und Haiforscher Erich Ritter, sprach oft von »Angstzination«. Haie bedeuten für die meisten von uns Menschen Angst gepaart mit Faszination. Bei mir hat die Faszination immer die größere Bedeutung gehabt. Es fing an mit der Schönheit der Tiere und der Eleganz, mit der sie sich durchs Wasser bewegen. Der Wunsch, mit ihnen zu schwimmen, war von Anfang an da. Die Freude, das dann auch hautnah erleben zu dürfen, kam bald hinterher. Ich kaufte und las jedes Buch über Haie, das ich finden konnte, und vertiefte mein Wissen über sie. Ich stellte immer öfter fest, dass Haie Gefühle haben und diese auch zeigen wollen; umso mehr erschütterte mich die Tatsache, wie grausam sie umgebracht werden: ermordet für eine Suppe, die weder Eigengeschmack noch einen Nährwert hat! Das alles hat mich bewogen, die Menschen über die Haie aufzuklären und dadurch die Haie zu schützen.

Stimmt, du hast mir immer wieder von den unglaublichen Gräueltaten berichtet, die Fischtrawler an Haien verüben. Wie können wir das stoppen?

Eine gute Frage. Ich bin immer für Aufklärung, denn die meisten Menschen haben keine Ahnung von dem, was draußen auf den Meeren geschieht. Man schneidet den lebenden Haien die Flossen ab und wirft dann den verstümmelten Körper wieder ins Meer zurück. Auf hoher See gibt es diesbezüglich kaum Gesetze, man muss deshalb aus meiner Sicht den gesamten Handel mit Haiflossen weltweit verbieten. Vor Kurzem lief ja eine Bürgerinitiative in der EU, um den Handel mit Haiflossen zu verbieten. An solchen Initiativen sollte man sich beteiligen. Ich kann nur hoffen, dass die EU-Politiker den Mut haben, ein Gesetz zu beschließen, das diese Gräueltaten in naher Zukunft verbietet. Man darf auch nicht glauben, hier seien nur Chinesen oder Japaner am Werk. Die EU zusammen genommen ist die weltweit größte Haifang-»Nation« und Teil eines brutalen Haiflossenhandels, durch den jedes Jahr 3500 Tonnen Haiflossen nach Asien exportiert werden.

Auf unserer Reise wurdest du zweimal von einem Hai gebissen. Sei mal selbstkritisch: Warum ist das passiert?

Das war bei dem Zitronenhai (s. u.) natürlich dumm von mir, den Hai zu fangen, aber ich hatte so was schon ein paarmal gemacht und geübt. Mir fehlte jedoch die Praxis, und ich hätte die Finger davon lassen sollen! Im Fall des Ammenhais war das aber eine ganz andere Sache. Ein Stück Fisch wurde von oben herab ins Wasser geworfen und landete genau zwischen dem Hai und mir. Haitaucher haben bestimmte Regeln, und eine davon ist: Man wirft kein Futter ins Wasser, wenn Menschen und Haie sich dort gemeinsam befinden. Das ist die Regel, und die wurde gebrochen. Ich wollte das Stückchen Fisch ergreifen, doch der Hai war schneller, und einer seiner Zähne ist an meinem Finger hängen geblieben. Es blutete stark aus der winzigen Wunde, die man nicht einmal als Biss bezeichnen kann (lacht). Es war aber auch ein Beweis für die Tatsache, dass Haie nicht auf Menschenblut reagieren, sondern nur auf Fischblut, und das vor laufender Kamera. Besser geht's doch gar nicht!

Ich muss sagen, dass sich mein Blick auf Haie durch unsere Reise komplett verändert hat, und danke dir von Herzen, dass du mit mir damals die Wette abgeschlossen hast – sonst hätte ich wirklich etwas verpasst!

Der dritte Biss geschah auf South Bimini Island im Westen der Bahamas. Im dortigen »Shark Lab« begrüßte uns Vital Heim, ein Schweizer Biologe, der hier vor allem an Hammerhaien forschte, aber auch die berühmte Forschung an den Zitronenhaien der Insel immer weiter vorantrieb.

Vital hatte für diese Forschung eine Art Gehege im Meer gebaut, ein abgestecktes Areal aus Netzen, in dem die Fänge der letzten Nacht untergebracht waren. In unserem Fall waren das einige Zitronenhai-Jungtiere und zwei Stachelrochen, die ebenfalls in dem Gehege lagen und das Hantieren darin deutlich erschwerten. Daher gab uns Vital beim Betreten der Anlage einige ganz klare Verhaltensregeln an die Hand. Aus Sicherheitsgründen wären vor allem zwei Dinge verboten. Erstens: rückwärtsgehen, denn man könnte dabei versehentlich auf einen der Stachelrochen treten und sich durch den Stich eine schwere Verletzung zuziehen. Und zweitens: das Anfassen der Zitronenhaie, denn die sind besonders beweglich und können deswegen ordentlich zuschnappen, auch wenn man sie am Schwanz erwischt.

Mit diesen Warnungen stiegen wir also in das Gehege. Frank, Matthias und Jupp wurden mit Keschern ausgestattet, um einen der kleinen Zitronenhaie zu fangen. Dieser sollte untersucht werden und einen kleinen Sender bekommen, damit die Forscher beobachten konnten, wie die Fische sich entwickelten und wo sie überhaupt hinwanderten. Doch dieses Fangen gestaltete sich viel schwieriger als gedacht: Als der erste Zitronenhai endlich in Matthias' Kescher war, schlitzten seine scharfen Zähne das Netz auf, und er fiel durch ein großes Loch wieder ins Wasser. Das war der Moment, in dem Jupp alle Regeln vergaß. Er drehte sich um, ging leicht rückwärts und griff einfach so nach dem kleinen Hai, der zu flüchten versuchte. Mit einem Lächeln zog er ihn aus dem Wasser, sagte noch schnell: »Ich habe ihn« – bevor er gebissen wurde. Der Hai hatte sich blitzschnell umgedreht und einen Teil seines Unterarms aufgeschlitzt.

Es blutete heftig. Wir alle waren geschockt. Einen solchen Unfall mit einer offenen Wunde hatte es in all den Jahren unserer Reisen nie gegeben. Auch Vital war außer sich. Wie sollte er seinem Vorgesetzten erklären, dass beim Dreh mit dem deutschen Fernsehteam ein Mensch verletzt worden war? Dabei hatte er selbst ja alles richtig gemacht, er hatte uns sogar explizit darauf hingewiesen, bloß nicht nach den Haien zu greifen.

Jupp wurde verarztet, und währenddessen versuchte ich, Vital und seine Kollegen zu beschwichtigen. Wir redeten lange darüber, wie wir jetzt mit der Situation umgehen sollten. Nach langem Hin und Her erlaubte uns Vital doch weiterzudrehen, und wir konnten den kleinen Zitronenhai tatsächlich noch mit einem Netz einfangen, besendern, vermessen und zurück in das offene Meer setzen.

Trotz des kleinen Schocks vorab war das nun ein herrlicher Moment, und es war toll mitzuerleben, mit welcher Freude und Begeisterung Vital seine Forschung vorantrieb. Aus filmischer Sicht hatte das Ganze nur einen kleinen Haken, denn Jupp war nicht mehr im Bild. Er hatte inzwischen einen verbundenen Arm, aber Vital wollte ihn verständlicherweise nicht direkt bei den Haien haben. Stattdessen war Jupp zusammen mit einigen von Vitals Kollegen auf Bootspatrouille, um nach Hammerhaien zu suchen. Das war zwar relativ aussichtslos, denn die »Hammerhai-Saison« hatte auf den Bahamas noch gar nicht begonnen. Die Tiere kommen nur in bestimmten Zeiten zu den Inseln, und dafür waren wir einfach zu früh dran. Nichtsdestotrotz war ich ganz froh, dass Jupp eine Aufgabe hatte und wir weiterdrehen durften. Das Wichtigste war ja, den Zuschauern zeigen zu können, dass Haie keine Monster sind und dass es ganz besondere Menschen gibt, die für ihren Schutz kämpfen.

»Etwa 100 Millionen Haie werden jährlich getötet – das muss aufhören«, sagt Frank Elstner.

Damit die Zuschauer das plötzliche Verschwinden von Jupp auch nachvollziehen konnten, ließ ich Frank und Matthias das Ganze kurz erklären. Es wirkte für mich allerdings ein bisschen wie Laientheater, denn normalerweise sprachen die beiden einfach, wie ihnen der Schnabel gewachsen war, und man musste quasi nichts vorbereiten. In dem Fall war es aber wichtig, zu erklären, warum Jupp von einer Sekunde auf die andere aus dem Bild verschwunden war. Also sagte Frank in etwa: »Oh, Matthias, wo ist denn eigentlich der Jupp hin?« Und Matthias antwortete: »Hast du das denn gar nicht mitgekriegt, Frank? Da kam gerade ein Funkspruch, er ist jetzt unterwegs und sucht einen Hammerhai.« Das Ganze fühlte sich für mich ganz fürchterlich unauthentisch an, ich war mir sicher, dass ich es aus dem Film rausschneiden würde. Doch das Ganze nahm eine fast schon prophetische Wendung, denn nur zwei Minuten nachdem unser Zitronenhai im Anschluss an eine ganze Reihe von Untersuchungen in die Freiheit geschwommen war, gab es tatsächlich einen Funkspruch. Vital ging an sein Funkgerät, das er immer mit sich führte, und wir hörten eine aufgeregte Stimme, die ihm auf Englisch erklärte, dass der erste Hammerhai vor Bimini gesichtet worden sei. Vitals Augen leuchteten, und ich muss zugeben, meine auch. Genau das, was Matthias und Frank so ungelenk aufgesagt hatten, passierte jetzt wirklich.

Hektisch rafften alle Forscher ihre Siebensachen zusammen, und dann rasten wir auch schon mit einem Speedboot auf die andere Seite der Insel, auf der Medusa gesehen worden sein sollte. Medusa gehörte zu den Hammerhaien, die am besten erforscht waren. Seit vielen, vielen Jahren kam sie immer wieder in die gleiche Bucht vor Bimini, und seit einigen Jahren trug auch sie einen Sender, der immer wieder ausgelesen werden musste. Dieser Sender, ein sogenannter Tracker, speichert die Bewegungsdaten eines Hais. Das ist für die Wissenschaftler besonders spannend, denn Hammerhaie wandern jedes Jahr mehrere Tausend Kilometer, und bis vor Kurzem wussten Forscher noch nicht einmal, wohin genau.

Vor Ort angekommen musste alles ganz schnell gehen. Matthias und ich zogen unsere Tauchsachen an, eine Sauerstoffflasche wurde uns auf den Rücken gespannt, und ich schnappte mir mal wieder die Unterwasserkamera. Frank und Jupp, der zur Tarnung seiner Wunde inzwischen einen langärmligen Pullover trug (trotz 32° Außentemperatur), blieben an Bord und sollten auf einem kleinen Monitor sehen, was wir dort unten filmten. Ich muss zugeben, ich war relativ unvorbereitet. Nicht nur wegen der Hektik im Vorfeld, sondern auch weil ich erst kurz zuvor meinen Tauchschein gemacht hatte. Schon seit meiner Kindheit hatte ich den Wunsch, irgendwann einmal tauchen zu gehen und irgendwie Teil der Unterwasserwelt zu werden, die ich so faszinierend fand. Doch erst kurz vor diesem Film schaffte ich es endlich. Der Plan war, den Tauchschein zusammen mit Frank in der Bucht von Port de

Pollença auf Mallorca zu machen. Erst am Tag meiner Ankunft auf der Baleareninsel offenbarte mir Frank, dass sein Arzt ihm soeben verboten habe, tauchen zu gehen – aus medizinischen Gründen. Also musste ich den Schein alleine machen. Bei der Ankunft auf den Bahamas hatte ich sage und schreibe drei Tauchgänge hinter mir. Und nun sollte ich

Forscher Vital Heim und seine »Medusa« kennen sich seit vielen Jahren.

mich rückwärts von einem Boot stürzen, mich umdrehen und zu einem Hammerhai hinuntertauchen …

Ich muss zugeben, mir ging ganz ordentlich die »Düse«, und das änderte sich auch im Wasser überhaupt nicht, denn Medusa war gut viereinhalb Meter lang und am vorderen Ende fast einen Meter breit. Vital, der mit mir zusammen hinabgetaucht war, stand inzwischen auf dem Meeresboden und versuchte, Medusa mithilfe eines toten Fisches anzulocken. Es war ein – nun vor allem im übertragenen Sinn – atemberaubendes Erlebnis. Dieser riesige Hai, der ohne großartige Flossenbewegungen durch das Meer glitt, schwamm immer wieder auf Vital zu, um nach dem Fisch zu schnappen. Dieser wiederum versuchte jedes Mal, mit einem Lesegerät den an der Rückenflosse befestigten Tracker auszulesen. Darin gespeichert waren die Daten eines gesamten Jahres, und entsprechend wichtig war dieses Manöver.

Und mir gab es Zeit, jede Menge Unterwasserbilder von Medusa zu machen. Langsam verstand ich, wie sie schwamm. In meinem Studium der Verhaltensbiologie hatte ich nur ganz wenig über das Verhalten von Meerestieren erfahren, sodass ich mich hier in der Praxis erst etwas heranarbeiten musste. Doch schon bald wurde mir klar, dass Medusa immer gegen die Strömung auf den Fisch zuschwamm. Sie orientierte sich also an dem Geruch, der von der Strömung mitgerissen wurde. Das war natürlich sehr wichtig, um die Kamera immer dort parat zu haben, wo Medusa als Nächstes auftauchen würde.

Nach einigen Minuten klappte es unglaublich gut. Immer wieder erwischte ich Medusa, wie sie aus dem tiefen Blau des Ozeans auftauchte und auf Vital zuschwamm. Unglaubliche Bilder, die Frank und Jupp an Bord auch entsprechend kommentierten. Mir gegenüber stand Matthias mit einem riesigen Lächeln im Gesicht. Ich habe den Mann selten so glücklich gesehen, und das, obwohl er gar nicht reden konnte. Unter seiner Maske sah man ein Leuchten in seinen Augen. Immer wieder machte er das Okay-Zeichen der Taucher, was mir sagen sollte: »Christian, ist das geil!« Wir beide standen nur wenige Meter von ei-

Reinschmidts Tierfakten

Hammerhaie – Jäger mit (besonderem) Köpfchen

Die wie ein Fabelwesen aussehenden Hammerhaie, nehmen innerhalb der aus über fünfhundert verschiedenen Arten bestehenden Familie der Haie eine Sonderstellung ein. Ihre im Gegensatz zu den anderen Haien teilweise extrem veränderte Kopfform lässt sich als Anpassung an die Umweltbedingungen erklären. So gibt es verschiedene wissenschaftliche Erklärungen, wobei die wahrscheinlichste besagt, dass die im Kopfbereich angesiedelten Lorenzinischen Ampullen durch die breite Kopfform ein größeres Feld nach elektrischen Feldern abscannen können, die auf Beute hindeuten. Alle Haie (sowie Rochen und Seekatzen) sind mit Lorenzinischen Ampullen ausgestattet, wobei die Hammerhaie durch ihre angepasste Kopfform diesem besonderen Sinnesorgan besonders viel Raum bieten. Damit werden die leichtesten elektrischen Ströme geortet, sodass die Haie auch im trüben Wasser oder bei Nacht die Bewegungen von Beutetieren wahrnehmen und diese erfolgreich jagen können.

nem riesigen Hammerhai entfernt, der immer wieder an uns vorbeischwamm.

Langsam hatte man sich tatsächlich daran gewöhnt, und die anfängliche Unruhe, weil man die Situation nicht einschätzen konnte, war längst verflogen – als mir plötzlich die Sicherheitstaucherin, die die ganze Zeit hinter mir stand, vorsichtig auf die Schulter klopfte und mir auf meinen Blick hin mit dem Daumen zeigte, dass der Hai jetzt von hinten komme. Ich muss zugeben, in dem Moment stockte mir doch noch mal der Atem – jetzt wieder wortwörtlich, denn die Sicherheitstaucherin wies mich kurz darauf hin, ich sollte doch bitte mal weiteratmen. Bis heute kann mir niemand erklären, warum Medusa plötzlich aus der anderen Richtung kam, entgegen ihrem üblichen Verhaltensmuster.

Das riesige Hammerhaiweibchen schwamm etwa zwanzig Zentimeter über meinem Kopf entlang, sodass sie die Unterwasserkamera berührte und man auf den Aufnahmen sogar das Kratzen ihrer Haut auf dem Gehäuse hörte. Vielleicht wollte sie mir einfach einmal zeigen, wer hier die Chefin ist. Das ist natürlich total unwissenschaftlich, und Vital würde so etwas nie unterschreiben!

Unseren unerwartet erfolgreichen Drehtag ließen wir in einer wirklich dubiosen Bar ausklingen. In Ermangelung anderer Etablissements auf diesem Teil der Insel waren wir in einer Art Bistro gelandet, dessen elitärste Speise ein Sandwich war. Der Stimmung tat es aber keinen Abbruch.

Diese Reise wird uns allen wahrscheinlich unser restliches Leben lang in Erinnerung bleiben. Und das liegt nicht nur daran, dass wir auf sehr ungewöhnliche Art und Weise gereist sind. Immerhin fanden etwa 90 Prozent dieser Tour auf Booten statt. Wir sind auch einer Tiergruppe nähergekommen, der wir – der eine mehr, der andere weniger – trotz aller Recherche im Vorfeld mit ein paar Ressentiments begegnet sind. Erlebt haben wir die Haie aber anders. Wir haben sie als majestätische Könige der Meere kennengelernt, als Tiere, die dennoch ausgesprochen verletzlich sind und deren Überleben daher längst nicht gesichert ist.

Frank nannte sie in einem Interview »einen Höhepunkt der Schöpfung«, und er hat absolut recht. Bis heute spricht er immer wieder darüber, wie wichtig es ist, die Haie zu schützen. Nicht nur, weil es diese

Tiere bereits seit etwa 200 Millionen Jahren fast unverändert auf der Erde gibt und es wirklich ein Desaster wäre, wenn wir diese Tiergruppe innerhalb weniger Jahrzehnte ausrotten. Nein, auch weil unser eigenes Überleben in gewisser Weise von ihnen abhängt. Denn Haie sorgen mit dafür, dass das Leben im Meer aufrechterhalten bleibt und damit auch eine wichtige Nahrungs- und Sauerstoffquelle für uns Menschen.

AUSTRALIEN

Down Under mit süßen Koalas und kleinen Teufeln

Von Christian Ehrlich

Es war einer dieser Momente, in denen Frank bis über beide Ohren strahlte: Ein kleiner Koala saß auf seinem Schoß, und er durfte das Fläschchen geben. Die kaum ein Kilo schwere Koaladame wurde von ihrer Retterin Anika Lehmann kurz vor unserer Ankunft nach Franks Tochter Enya benannt. Dieses winzige Tier, das uns alle zugleich verzückte durch seine wunderschönen, langsam blinzelnden Kulleraugen und traurig stimmte, weil es in diesem jungen Alter schon mutterlos war, saugte ganz gemächlich eine Milchmahlzeit.

»Herzlich willkommen in Australien«, sagte Anika nun in die Runde – zuvor war keine Zeit dafür gewesen, denn die sieben Monate alte Enya brauchte dringend Milch, und wir waren fast eine Stunde zu spät, weil das Navi uns zu einer gesperrten Straße geführt hatte. Aber jetzt, als wir bei Anika und ihrem Mann Henk im Wohnzimmer saßen und auch die anderen kleinen Koalas pflegten, erklärte uns die Koala-Schützerin, die siebzehn Jahre zuvor ihre niederländische Heimat hinter sich gelassen hatte, um Beuteltiere zu retten, dass es ein großes Glück sei, dass Enya schon einen Namen habe. Denn nur Koalababys mit einer echten Chance aufs Überleben bekommen Namen. Wenn sie es nicht schafften, dann falle der Abschied leichter ohne Namen …

Solche Sätze gehen tief. Fast ohne Emotionen gesprochen, aber immer mit einer Träne im Auge erklärte Anika Frank, Matthias und mir im Laufe unserer Reise die Welt der Koala-Retter – und die bewegt sich im wahrsten Sinne zwischen Leben und Tod.

Frank saß also auf einem verwaschen roten Sofa, dem man ansah, dass es schon länger für folgende Zwecke genutzt wurde: Fernsehen (niederländische Sender) und Bücherlesen, aber eben auch zum Milch-

In einem Gehege im Garten von Anika Lehmann lernen die Koalas klettern.

geben für eine ganze Horde kleiner Koalas. Enya war auf seinem Schoß eingeschlafen, und auch unser deutscher Showmaster rang aufgrund der Zeitverschiebung mit der Müdigkeit. Enyas Überleben grenzt an ein Wunder: Sie lag im Beutel ihrer Mutter, als diese, angefahren von einem Auto, aufgefunden wurde und wegen der schweren Verletzungen eingeschläfert werden musste. Da wog Enya nur 180 Gramm, war noch völlig nackt und beinahe tot, als sie zu Anika in die Brutmaschine kam. So süß die Kleinen auch sind, jede ihrer Geschichten beginnt mit einer Tragödie. Etwa hundertfünfzig Koalababys, in Australien nennt man sie »Joeys«, hat Anika seit ihrer Auswanderung bis heute in ihrem Wohnzimmer aufgezogen – komplett ehrenamtlich.

Unser Drehort lag in der Nähe von Caboolture. Noch nie gehört? Kein Wunder. Der Ort unweit Brisbane an der Ostküste Australiens ist fürchterlich gesichtslos in die ehemals mit Eukalyptusbäumen bewachsene Region gebaut worden. Von dort waren wir am Morgen noch einmal eineinhalb Stunden in die Berge über teils unwegsame Straßen gefahren. Anika hatte ihr Holzhaus vor einigen Jahren gekauft, um hier genau das zu tun, was sie jetzt tat: Koalas retten, aufziehen und auf die Freiheit vorbereiten. »Wenn wir Tiere um uns haben, dann sind wir glücklich«, so fasste Anika ihren Lebensstil zusammen. Und an diesem Abend gab es wohl niemanden, der sie nicht darum beneidete. »Ich könnte bei euch sofort einziehen«, sagte Frank bei einem australischen Bier einige Stunden später.

Das zweite ihrer »Kinder«, wie Anika die Koalababys nennt, hieß Burramba – das ist in einer Aborigine-Sprache das Wort für Koala. Und dieses Findelkind hatte sich direkt in mich »verguckt«. Immer wieder wurde ich später gefragt, warum wir Burramba nicht häufiger im Film gezeigt hätten. Die Antwort war einfach: Sobald die Kleine die Möglich-

Unzertrennlich: Burramba und der Tierfilmer … [12]

keit sah, auf mich zu klettern, tat sie das, bewegte sich langsam, aber mit beherztem Griff auf meinen Kopf und hielt sich an den Haaren fest. Burramba hatte eine ungewöhnliche Verbindung zu mir – das sagte Anika nicht ohne Verwunderung. Für den Film war es aber natürlich nicht immer von Vorteil, wenn eines der Tiere stets beim Produzenten auf dem Kopf sitzt – der ist ja schließlich nicht im Bild.

Reinschmidts Tierfakten

Warum fressen Koala-Jungtiere den Kot ihrer Mutter?

Wohlbehalten entwickelt sich der kleine Koala im Beutel seiner Mutter. Die ersten Monate ist er dabei fest an der Zitze festgesaugt und ernährt sich ausschließlich von Muttermilch, während sich das Koala-Weibchen exklusiv von den Blättern verschiedener Eukalyptusbäume ernährt. Diese Blätter sind toxisch und schwer verdaulich, deshalb haben Koalas auch ein entsprechend angepasstes Verdauungssystem. Ein bis zu zweieinhalb Meter langer Blinddarm hilft den Tieren, mit Unterstützung von speziellen Bakterien die fasrigen Blätter zu verdauen. Der Mensch hat zum Vergleich nur einen etwa acht Zentimeter langen Blinddarm. Lediglich etwa fünf Stunden am Tag nimmt sich der Koala Zeit für die Nahrungsaufnahme, den Rest verbringt er mit Schlafen und Ausruhen, während er verdaut. Bevor die jungen Koalas den schützenden Beutel der Mutter verlassen und anfangen, selbst Eukalyptusblätter zu fressen, nehmen sie den Kot ihrer Mutter auf, um eine Immunität gegen die Gifte der Blätter aufzubauen, sozusagen eine »natürliche« Impfung.

Diese Reise nach Australien war übrigens diejenige mit der längsten Anreise der gesamten Geschichte unserer Produktion. Fast 24 Stunden waren wir unterwegs von Frankfurt über Singapur nach Sydney und noch weitere vier Stunden im Auto bis in die Region um Brisbane, wo Anika lebt. Und weil wir nicht einmal während der Flüge geschlafen hatten, waren wir schon platt, als wir in Sydney von unserer australischen Producerin Clare Thomson abgeholt wurden.

Clare arbeitete seit vielen, vielen Jahren beim australischen Sender ABC und war für uns sozusagen die Frau mit den Ortskenntnissen – und vor allem mit den Verkehrskenntnissen, denn in Australien herrscht Linksverkehr, und das ist für europäische Fahrer nicht immer ganz einfach. Frank war auf jeden Fall froh, dass er nicht fahren musste, und ich war auch froh, dass Clare sich bereit erklärt hatte, uns mit ihrem eigenen Auto, sie nannte es Produktionsauto (»Production Car«), auf unserer Drehreise zu begleiten und auch zu fahren. Die Freude verebbte allerdings schnell, als wir auf dem Flughafenparkplatz auf ihr Auto trafen. Das war ein ungefähr fünfzehn Jahre alter tiefergelegter Opel, der seine besten Zeiten längst hinter sich hatte, und zwar überall. Nicht nur passte kaum Gepäck in den Kofferraum, die Sitze hinten waren auch so durchgesessen von jeder Menge transportierter Menschen und auch Haustiere – Clare besitzt zwei Hunde –, dass es mir, na ja, ein wenig peinlich war, mit Frank und Matthias in diesem Fahrzeug zu unseren Dreharbeiten zu fahren. Aber wir mussten sparen: Australien ist ein teures Pflaster. Wir waren vorher schon in Indonesien gewesen und hatten da die Vorzüge des günstigen Reisens genossen. Das teuerste Hotel in Indonesien kostete 12 Euro pro Nacht. Hier in Australien hatten wir nur ein Motel in Caboolture, trotzdem kostete eine Übernachtung 150 Dollar.

Von der ersten Übernachtung konnte ich übrigens nur träumen. Die Kollegen waren alle hundemüde in ihren Zimmern verschwunden, um schlafen zu gehen, obwohl es nach australischer Zeit erst früher Nachmittag war. Ich kam erst viel später zum Hotel nach einer langen Besprechung für den nächsten Tag. Am Hotel angekommen stellte ich fest, dass meine Magnetkarte für die Zimmertür nicht funktionierte. Ein Problem, das einen auch in Europa ereilen konnte, aber hier machte es das Ganze noch etwas schwieriger, weil die Besitzer des Hotels weit weg wohnten und, wie sie mir am nächsten Tag erklärten, ihr Telefon nachts ausschalteten. So stand ich also nach gut vierzig Stunden Wachsein vor einem verschlossenen Hotelzimmer.

Alle Einbruchversuche schlugen fehl, bis ich endlich einen meiner Kollegen aus dem Tiefschlaf wach gerüttelt hatte. Und so schlief ich die erste Nacht meiner Australienreise vier Stunden auf der Couch des Kameramanns. Daher tat es schon ein wenig weh, als Frank mich am nächsten Morgen beim Frühstück mit den geradezu geflöteten Worten begrüßte: »Oarrhh, Christian, ich habe unglaublich gut geschlafen! Wie war's bei dir?«

Das war also die Vorgeschichte, bevor wir Anika zum ersten Mal besuchten. Frank fragte die gesamte Fahrt über, was ihn jetzt erwarten würde. Er ist ein unglaublich wissbegieriger Mensch, und man spürt förmlich sein Journalisten-Ethos: Er will immer alles wissen über die Tiere und Menschen, die er als Nächstes treffen wird. Anika war überrascht und erfreut zugleich, wie sehr sich Frank für ihre Arbeit interessierte.

Kleine Koalas aufnehmen zu müssen war für Anika nichts Besonderes mehr. Für uns dagegen war es der reinste Zuckerschock. So niedliche Tiere, die unseren Kontakt suchten. Es war nicht so, dass wir versucht hätten, sie anzufassen, sie kletterten einfach drauflos – auch auf Frank. Anika fand das toll. Sie hatte nicht gedacht, dass jemand, den sie aus ihrer Kindheit in Holland noch von »Wetten, dass..?« kannte, eine so wahnsinnige Tierliebe in sich haben und sich so sehr für die kleinen Tiere einsetzen würde. Entsprechend glücklich war Frank auch, als Anika ihm offenbarte, dass er heute das große Los gezogen hatte und den kleinen Koalas die Milch geben konnte. Das Anrühren der Milch war eine Wissenschaft für sich, und wie sich das gehörte auf unseren Reisen, übernahm unser Zoologe Matthias das Zusammenmischen der verschiedenen Ingredienzen, die am Ende eine fetthaltige und verdauliche Milchmahlzeit für die Joeys ergab. Natürlich musste die Milch in einer bestimmten Temperatur, eben körperwarm, verabreicht werden, sodass nur ein kleines Zeitfenster bestand, in dem gefüttert werden konnte.

Frank machte sich wie immer Sorgen, wenn es an eine solche Aufgabe ging. Er sorgte sich um die Tiere, und das war nicht einfach irgend so ein O-Ton, den er zur passenden Zeit sagte, sondern es war wirklich so. Es ging ihm die Sorge durch den Kopf, er könnte das Tier durch einen in Unwissenheit getätigten Fehler verletzen oder in irgendeine gesundheitliche Notsituation bringen. Deswegen ließ er sich das alles ganz genau erklären und fütterte dann nach Anikas Vorgaben die kleine Enya. Diesen Moment wird er wohl nie vergessen. Jedenfalls hat er später bestimmt noch hundertmal mit Begeisterung davon berichtet. Er strahlte, er lachte, er war wirklich glücklich bis in sein Innerstes mit diesem Baby-Koala, die ihm etwas Milch aufs karierte Hemd kleckerte.

Frank hatte Anika und Henk, der in Karlsruhe geboren wurde, spätestens jetzt in sein Herz geschlossen. Ich glaube, Frank hätte die kompletten drei Wochen unserer Australienreise an keinem anderen Ort verbringen müssen. Er war zutiefst glücklich, auch wenn ihn die schlimmen Schicksale der Koalas natürlich mitnahmen. Er ließ sich von Anika genau berichten, was den Tieren widerfahren war. Viele waren Opfer der zunehmenden Hitzewellen in Australien. Sie waren ihren Müttern vom Rücken gefallen, weil diese komplett dehydriert, also ausgetrocknet, waren. Schon damals, 2015, gab es immer wieder Hitzewellen in Australien, die, das wissen die Wissenschaftler inzwischen sicher, durch den Klimawandel verschärft wurden.

Zudem gibt es immer weniger Wälder, die Abkühlung, Wasserquellen und Futter bieten, und weitere schwerwiegende Faktoren, die durch den Menschen ausgelöst worden sind und dazu führen, dass Koalas inzwischen akut vom Aussterben bedroht sind. Manche Forscher sprechen sogar davon, dass sie bereits »funktional ausgestorben« seien. Das heißt, dass sie ohne die Hilfe des Menschen nicht mehr überleben können, weil es bereits zu wenige Koalas gibt, um auf natürliche Art und Weise die Population am Leben zu erhalten. Das liegt vor allem daran, dass der Mensch einen ähnlichen Lebensraum schätzt wie die Koalas. Die Ostküste Australiens ist besonders grün, nicht zu heiß und bietet einen wunderbaren Raum, um tolle Häuser direkt am Meer zu bauen. Dazu wurden quadratkilometerweise Eukalyptuswälder gefällt, jede Woche (!) ziehen etwa 1500 Menschen neu in die Region von Anika, nach Moreton Bay. Und mit ihnen kommen neue Eigenheime, Supermärkte, Parkplätze, Schulen und was Mensch sonst noch so braucht. Zu den weiteren Faktoren, die zum Verschwinden der Koalas beitragen, zählen auch Haustiere wie Hunde, die Koalas jagen und verletzen. Auch dabei fallen die Babys häufig vom Rücken ihrer Mütter und müssen dann – wenn sie Glück im Unglück haben – von Anika und ihren Mithelfern des Vereins »Moreton Bay Koala Rescue« wieder aufgepäppelt werden.

Zu allem Überfluss gibt es auch noch eine bakterielle Erkrankung, die den Koalas seit Jahren zusetzt: Chlamydien. Diese Bakterien sorgen dafür, dass Weibchen immer schwächer werden und häufig nicht mehr genug Kraft haben, um ihre Kleinen zu versorgen und aufzuziehen. Manche Tiere werden blind, viele sterben an der Krankheit. Diesem ungünstigen Zusammentreffen unterschiedlichster Faktoren haben die Koalas quasi nichts entgegenzusetzen. Sie kämpfen, verkürzt gesagt, ums nackte Überleben. Das sollten wir im Laufe dieser Reise auch noch mehrfach mit eigenen Augen zu sehen bekommen. Die Entwicklungen der letzten Jahre lassen da leider kaum Platz für rosige Aussichten. »Ich glaube nicht, dass wir in zwanzig oder dreißig Jahren noch Koalas in der Wildnis haben werden«, sagte Anika in einem Gespräch – und uns allen stockte der Atem.

Am nächsten Tag fuhren wir mit Anika in eines der Gebiete, in denen sie die Koalas regelmäßig »monitort«. Das heißt, es gibt dort Koalas, die einen Sender um den Hals tragen, der zu ihrer Überwachung dient und damit auch zu ihrem Schutz. In dem von uns besuchten Gebiet wird seit Jahren eine neue Bahntrasse gebaut, und die Baufirma hat von der Regierung die Auflage bekommen, die Auswirkungen der Baumaßnahme auf die Koala-Population zu überprüfen. Anika hatte Tränen in den Augen, als sie ausstieg. Sie kämpfte seit Jahren gegen die Zerstörung der Wälder – ohne größere Erfolge. Frank merkte sofort ihre Trauer über die großen Flächen frisch gefällten Waldes und nahm sie in den Arm. »Sie tut mir so leid, sie führt einen einsamen Kampf für die Letzten dieser Art – und keiner versteht, was sie da für uns alle macht«, sagte er später.

Der Drehtag begann dann mit einer für australische Verhältnisse typischen Prozedur: Wir mussten eine Sicherheitsunterweisung über uns ergehen lassen. Dazu muss man wissen, dass wir eigentlich einfach nur in den Wald gehen wollten, um Anika und einen Forscher zu begleiten, wie sie einen Koala vom Baum holen und in eine Kiste setzen. Das heißt, unsere Aufgabe dabei bestand ausschließlich darin, durchs Unterholz zu gehen. Punkt. Australien hat aber Gesetze zu Fragen der Haftung, die denen der USA kaum nachstehen. Damit wir also nicht später Schadensersatz fordern konnten, weil jemand über eine Baumwurzel gefallen ist, gab es eine Sicherheitsunterweisung. Eineinhalb Stunden erklärte man uns also – komplett standardisiert – den Umgang mit Helmen, Warnwesten, das sichere Begehen von Baustellen, das Ausweichen vor Baumaschinen und mehrere Hundert andere Punkte, die für uns alle völlig irrelevant waren. Schnell machte sich eine Stimmung breit wie in einer neunten Klasse, in der ein Lehrer etwas unterrichtete, was keiner verstand – es hörte niemand mehr zu. Zwischendurch wurden Fragen gestellt, die alle mit einem Nicken und einem leichten Lächeln beantworteten, und dann ging es endlich los. Also fast.

Erst wurden wir noch für unsere Koala-such-und-fang-Aktion eingekleidet: Jeder bekam eine orangene Warnweste, einen orangenen Hut, einen orangenen Helm, zusätzlich auch noch Sicherheitsschuhe, damit auch ja nichts passierte. Grell leuchtend fuhren wir über eine Schotterstraße zum Koala-Wald – beziehungsweise dem, was davon übrig war. Zu Fuß überquerten wir die etwa vier Meter breite Buckelpiste, die hier irgendwann mal zu einer Straße ausgebaut werden sollte, und bekamen dann von den Koala-Forschern Tosh und Andy (man stellt sich in Australien nur mit Vornamen vor) die Ansage, dass wir jetzt die Warnwesten, die Helme und alles andere, was irgendwie leuchten und die Tiere erschrecken könnte, auszuziehen hätten. Das Gelächter war groß. Wir hatten die ganze Sicherheitsunterweisung für genau vier Meter Gang über eine Straße gemacht!

»Reg dich nicht auf«, beruhigte mich Frank wie so oft auf unseren Reisen, wenn mal etwas nicht so lief wie gedacht und wir in Zeitverzug gerieten. Frank ist ein echter Menschenkenner und hat schon früh gemerkt, dass das einer meiner »wunden Punkte« ist – »Warten« ist nicht meine Kernkompetenz, schließlich bin ich dafür verantwortlich, dass am Ende auch ein bewegender Film entsteht.

Frank hatte sich darauf eingestellt, dass die ganze Aktion mehrere Stunden dauern würde. Es gab also einen Rucksack voll Wasser, Essen und allerlei Überlebensutensilien, die Frank immer mit sich führte. Als bekennender Hypochonder hatte er darin auch stets eine eigene Tasche mit Medikamenten. Matthias machte sich immer etwas lustig über Franks Reisegepäck, in diesem Fall auch zu Recht. Denn tatsächlich fanden wir unseren Koala nach exakt fünfhundert Metern. Das Tier saß in ungefähr fünfzehn Metern Höhe in einem großen Eukalyptusbaum. Ohne das Sendehalsband hätten wir ihn aber niemals entdeckt! Koalas sind von unten erstaunlich gut getarnt, was man sich gar nicht vorstellen kann, wenn man sie in einem Zoo oder einem Gehege sieht. Doch die graue Fellfärbung entspricht genau der Farbe der Rinde der Eukalyptusbäume und ist deshalb schwer auszumachen.

Mit dem Fernglas entdeckte Matthias das Highlight des Tages: Das Tier dort oben musste ein Weibchen sein, denn auf seinem Rücken saß ein Baby, und das war eine gute Nachricht für Anika. Sie hatte noch nicht gewusst, dass dieses Weibchen bereits ein Junges hatte.

Nichtsdestotrotz musste das Tier gefangen werden. Der Sender hatte gemeldet, dass die Batterie nur noch wenige Tage halten würde. Zudem stand ein Gesundheits-Check für Mutter und Kind an. Gab es einen Aus-

Koalas sind hoch bedroht – manche Experten führen sie sogar als »funktional ausgestorben«.

bruch von Chlamydien? War das Tier verletzt, unterernährt, oder hatte es Durst? All das sollte eine Blutprobe ergeben, die in einem Wildtier-Krankenhaus genommen werden musste. Doch so weit waren wir noch lange nicht.

Wenn ein Koala beunruhigt ist, flieht er in der Regel erst mal nach oben. Die Forscher brauchten also eine Methode, um das umzukehren – die Koaladame sollte ja letztlich auf den Boden. Ganz gezielt schossen sie daher ein Kletterseil über einen der stärkeren Äste, um mit voller Bergsteigermontur langsam am Baum hochzuklettern. Der Kletterer hatte allerdings überhaupt keinen Käfig dabei. Dafür aber eine lange Stange, an deren Ende eine runde Platte befestigt war. Und jetzt kam der Trick: Er hielt diese etwa vier Meter lange Stange mit der Platte vor das Gesicht des Koalas, der daraufhin begann, am Baum herunterzulaufen.

Kurz vorher hatte man uns gesagt: Achtung, Koalas sehen zwar süß aus, beißen aber heftigst zu und lassen auch so schnell nicht wieder los.

Wie immer hatte Frank ein bisschen Respekt und fragte Anika, warum man ihm das vorher nicht gesagt habe, also zum Beispiel am Vortag, als er die kleinen Koalas auf dem Schoß hatte. Natürlich ist es aber ein großer Unterschied, ob Koalas in menschlicher Obhut aufwachsen und Menschen als ihre Milchquelle, sprich: Ersatzeltern, ansehen oder ob es sich wie hier um ein wildes Koala-Weibchen handelte, das nicht wusste, dass es eigentlich ja nur um ihren Schutz ging. Das Tier hatte schlichtweg Angst um sein Leben, und natürlich beißen Koalas dann so heftig zu, wie es nur geht. Außerdem besitzen Koalas sehr scharfe Krallen, mit denen sie Menschen tiefe, entzündliche Wunden zufügen können. All das sorgte dafür, dass Frank erst mal einen Schritt zurück machte, Matthias und Anika vor sich schob und mal wieder sagte: »Geht ihr mal vor.«

Das taten sie auch. Ein Assistent des Forschers hatte inzwischen eine Decke präpariert, Anika den Käfig bereitgestellt, und als das Tier unten am Baum ankam, wurde es eingefangen und so schnell wie möglich in die vorbereitete Kiste gebracht. Eine weitere Decke sorgte dafür, dass es dunkel wurde im Käfig, was dazu beitrug, dass sich das Tier mit der Bezeichnung M216 beruhigte.

Eine halbe Stunde später kamen wir im Wildtier-Krankenhaus an. Wir waren überrascht, wie routiniert die Tierärztinnen hier mit dem wilden Koala-Mädchen umgingen. Obwohl ein Baby auf dem Rücken war, wurde schnell eine Narkose gelegt. Und dann ging alles wie am Fließband: Blutproben, Kontrolle der Ohren, der Augen, der Zähne – und eine Kotprobe. Letzteres ist ja etwas, das Biologen immer total fasziniert, was »Normalsterbliche«, wie Frank Elstner, wiederum nur schwer nachvollziehen können. Natürlich kam direkt von Matthias der Scherz, auf den alle gewartet hatten: »Mensch, die Tierärztin hat aber einen Scheißjob.« Die Angesprochene drehte sich um, hatte die Übersetzung von Anika bekommen und verstanden, um was es ging, und hielt Matthias und Frank eine Handvoll Koala-Kotpellets zur Riechprobe hin. Und das hatten die beiden nicht erwartet: Die Kotkugeln von Koalas riechen wie Hustenbonbons. Das hatte zwangsläufig ein paar weitere relativ flache Witze zur Folge, bevor die Kügelchen endgültig in einem Reagenzglas landeten, in dem sie später untersucht werden sollten. Das Ergebnis erfuhren wir erst mehrere Tage später, aber es stellte sich heraus: Dem Tier ging es gut. Zum Abschluss erhielt das Weibchen eine Impfung gegen Chlamydien, die gerade erst in dieser Klinik entwickelt worden war und bis heute Hunderten Tieren das Leben rettete. Vielleicht ein Baustein zur Rettung der Art!

Besonders bemerkenswert an diesem so ereignisreichen Tag war mal wieder Franks Neugier. Genau wie Matthias habe auch ich in meinem Studium viel über Tiere gelernt. Aber Beuteltiere gehören in Europa natürlich nicht zu den Tieren, über die in der Verhaltensbiologie gesprochen wird. Frank wollte wissen, wo denn genau der Beutel ist. Als die Tierärztin anbot, den Beutel zu öffnen und Frank zu zeigen, war dieser begeistert. So etwas hatte er noch nicht gesehen, und er würde abends sofort seiner Frau davon berichten, sagte er, bevor er sich über das Tier beugte. Es war aber auch wirklich spannend, denn die Chance, in den Beutel eines Koalas hineinzublicken, bekam man ja tatsächlich nicht jeden Tag. Dieser ist eher rund und wird normalerweise durch einen Muskel geschlossen. Nach der Geburt wandert das winzige Baby – es ist nur so groß wie ein Gummibärchen – in diese Hauttasche und wächst darin zunächst auf. Wir konnten sogar zwei Zitzen sehen, an denen das Baby über etwa acht Monate Milch getrunken hatte. Unglaubliche Einblicke!

Einige Stunden später setzten wir Mutter und Kind zurück in ihren Baum – und zwar exakt an den Baum, von dem sie morgens gefangen worden waren. In der Hoffnung, dass wenigstens dieses Stück »Koala-Land« erhalten bleibt.

Frank Elstner & Anika Lehmann

Frank Elstner:

Liebe Anika, es ist jetzt über sieben Jahre her, das wir dich in Australien besucht haben. Wie steht es heute um die Koalas?

Anika Lehmann:

Wir kämpfen mit aller Kraft, aber es sieht trotzdem nicht gut aus! Mehr und mehr Bäume werden für neue Wohngebiete abgeholzt. Ich bin überzeugt, dass die Olympischen Sommerspiele 2032 in Brisbane auf unsere Tierwelt zusätzlich schreckliche Auswirkungen haben werden. Die Sportanlagen und die dazugehörige Infrastruktur werden aus meiner Sicht dazu beitragen, dass es bald überhaupt keinen Lebensraum für die Koalas und andere wilde Tiere mehr gibt.

Du hast bei den verheerenden Buschbränden 2019/2020 an vorderster Front für die Tiere gekämpft. Du hast Koalas mit Brandwunden versorgt, warst mit Feuerwehrleuten mitten in den Brandgebieten, um wenigstens einige Tiere zu retten – was waren dein schlimmstes und dein schönstes Erlebnis in dieser Zeit?

Das schlimmste war, Tiere zu sehen, die wir nicht retten konnten, das ist mir extrem nahegegangen. Tiere, die verbrannt sind, andere, die in den Kliniken landeten und nach tagelangem Kampf um ihr Überleben dann doch eingeschläfert werden mussten. Das schönste Erlebnis war, dass mir so viele fantastische Leute von überall auf der Welt begegneten, die hierherkamen, um zu helfen. Zusammen mit ihnen haben wir viel mehr erreichen können. Und viele sind Freunde fürs Leben geworden – sie stammen aus Kanada, Brasilien, und auch ein Team aus Deutschland gehört dazu.

Damals bei unserem Besuch war ich ja sehr überrascht, dass die drei Baby-Koalas bei dir und deinem Mann im Wohnzimmer herumkletterten – wie sieht es heute bei euch aus?

Es hat sich gar nichts geändert (lacht). Natürlich klettern wieder Koalababys in unserem Wohnzimmer herum, aktuell acht. Und dann sind noch ein paar draußen im Gehege und in den richtigen Bäumen des neuen Geheges – diese sind fast so weit, ausgewildert zu werden.

Apropos neues Gehege: Ich hatte ja das große Glück, bei einem Fernsehquiz mit Kai Pflaume zu gewinnen. Backstage in der Sendung rief ich Christian Ehrlich an und fragte, ob der Gewinn – wenn ich überhaupt etwas gewinnen sollte – bei dir gut aufgehoben wäre. Er bejahte sofort, und es kam tatsächlich so. Was konntest du mit dem Geld bei euch verändern?

Ich bin dir immer noch so dankbar! Die 50 000 Euro haben mir die Gelegenheit gegeben, unser »Tadsch Mahal« für Koalas zu bauen. Das ist ein ganz großes Gehege, in dem sich die älteren Koalababys auf ein Leben in richtigen Bäumen vorbereiten können. Das erhöht ihre Chance, die Auswilderung gut zu überstehen und in Freiheit zu überleben, ungemein!

Es war damals einer der besonders emotionalen Momente für mich, als ich bei dir im Wohnzimmer einem Baby-Koala das Fläschchen geben durfte. Du hast die Kleine Enya getauft – nach meiner Tochter. Wie geht es »deiner« Enya jetzt?

Sie ist ausgewildert worden, und normalerweise wissen wir eigentlich nicht, was dann passiert. Aber Enya hat uns überrascht. Nach etwa einem Jahr wurde sie wieder gesehen an der Stelle, wo wir sie ausgewildert hatten. Und sie zeigte uns ihr kleines Baby auf dem Rücken! Das war so ein richtiger Wow-Moment! Sie war, glaube ich, ganz stolz, und ich – quasi als Oma – auch.

Ist es nicht schwer für dich als »Koala-Mama«, deine Zöglinge nach all den Monaten des Kampfs um ihr Leben in die Freiheit zu entlassen und nicht zu wissen, wie lange sie überleben?

Ja, definitiv! Oftmals wissen wir nicht, wie es ihnen ergeht, und wir können nur hoffen, dass alles in Ordnung ist. Manchmal werden sie gefunden – entweder tot oder krank; und gelegentlich erfahren wir, dass alles okay ist, so wie mit Enya und ein paar anderen. Das ist natürlich herrlich für uns und gibt uns die Kraft zum Weitermachen.

Wir waren während unserer Dreharbeiten ja mehrere Wochen bei dir. Was ist dir besonders in Erinnerung geblieben? Oder anders gefragt: Sind wir dir nicht fürchterlich auf die Nerven gegangen?

Nein! Im Gegenteil, ich habe jede Sekunde genossen. Ihr wart so ein nettes Team – mit so viel Humor. Ich fühle mich wirklich geehrt, dass ihr mich besucht habt!

Was ist deine lustigste Erinnerung an unsere gemeinsame Zeit in Down Under?

Auch wenn es um so ein ernstes Thema ging, hatten wir immer so viel Spaß im Auto, wenn wir von einem Gebiet zum nächsten, zu den Kliniken und Auffangstationen gefahren sind. Besonders erheiternd fand ich, dass du immer hungrig warst und ständig gefragt hast, wann wir Frühstückspause, Mittagspause, Kaffeepause etc. machen können!

Wenn du einen Wunsch frei hättest – was würdest du dir wünschen für die Koalas im Osten Australiens?

Dass die einheimischen Bäume nicht mehr gefällt werden dürften, damit wir uns nicht so sehr um die verbliebenen Koalas und die anderen Tiere sorgen müssten. Schließlich sind die Bäume und Wälder, die wir zerstören, deren Zuhause, Unterschlupf und Futter.

Ich bin wirklich beeindruckt von deiner Arbeit für die Koalas und deiner Ausdauer. Mach bitte weiter so – wir brauchen auf dieser Welt Menschen wie dich!

Neben dem Landraub, mit dem die Menschen bei Koalas Probleme verursachen, sind es, wie erwähnt, auch die Haustiere der Menschen, die für Schwierigkeiten sorgen. Oft sind es Hunde – entweder streunende Hunde oder Hunde in Gärten, in die Koalas eingestiegen sind, um nach Futter zu suchen –, die erwachsene Koalas verletzen oder dazu führen, dass auf der Flucht Babys verloren gehen. Zu genau so einem Notfall wurde Anika ein paar Tage später gerufen.

Eine Anwohnerin meldete einen Koala in einem Garten, dessen Besitzer nicht zu Hause waren, deren Hund aber bereits anschlug und versuchte, nach dem Tier zu schnappen. Wir fuhren natürlich sofort hin. Vor Ort stürzten wir alle miteinander aus dem Auto. Die Kamera lief schon, und auch Frank rannte strammen Schrittes zu Anikas bereits wild gestikulierender Kollegin, die in einer Einfahrt stand. Sie hatte sich die Genehmigung geholt, von hier aus den Koala zu fangen, durfte aber den Garten nicht betreten, weil ein Mieter das nicht wollte. Das sind die »kleinen« Probleme der Koala-Retter von Ostaustralien!

»Was können wir jetzt machen?«, fragte Frank, noch etwas außer Atem. Die Antwort kam schnell und erstaunlich klar: »Nichts!« Anika meinte damit so etwas wie »Kommt uns nicht in Quere« – formulierte es aber aus Höflichkeit nicht so. Doch die Ansage verstanden alle, vor wie hinter der Kamera. Niemand durfte etwas auf eigene Faust unternehmen, um die Rettungsaktion nicht zu gefährden. Das war in diesem Fall aber auch gar nicht nötig, denn der Koala kletterte auf seiner Flucht vor dem Hund kurz darauf über einen Zaun in einen Carport, wo das Tier dank eines beherzten Griffs von Anikas Kollegin relativ schnell gefangen werden konnte. Glück gehabt!

Anschließend staunte Frank nicht schlecht, wie schnell Anika mit einer Decke das wild keifende Tier in den mitgebrachten Käfig setzen konnte. »So wird das gemacht«, sagte sie triumphierend und strahlte sichtlich erleichtert. Sie hatte, wie sie später sagte, nicht damit gerechnet, dass wir ausgerechnet an einem Tag, an dem Frank Elstner und ein komplettes Kamerateam, das natürlich auch ohne Neonwesten nicht unauffällig an der Aktion teilnahm, einen Koala fangen könnten, um ihn dann ins Wildtier-Krankenhaus zu bringen. Abgesehen von etwas Stress ging's dem Tier gut. Das war die positive Nachricht.

Frank fragte in seiner typischen Besorgtheit für die Tiere sofort, wo der Koala denn später hinkomme. Anika rollte mit den Augen, denn die Antwort, die sie jetzt geben musste, wusste sie, würde niemanden glücklich machen. Das Tier musste laut australischem Gesetz genau dort wieder ausgewildert werden, wo es gefangen wurde, plus/minus ein paar Hundert Meter. Das bedeutete: Es würde ausgesetzt werden, wo es quasi keinerlei Lebensraum gab. Frank war erschüttert. Den Koala wieder dort aussetzen, wo er schon einmal in Gefahr geraten war? Das konnte doch nicht wahr sein! War es damals aber noch. Erst seit den großen Buschbränden von 2019/2020 gibt es endlich erste Ansätze für bessere Gesetze zum Schutz der Koalas, das Aussetzen muss aber noch immer »in der Nähe des Fundortes« stattfinden.

Mit unserem eingefangenen Koala fuhren wir in das Currumbin Wildlife Hospital in der Nähe von Brisbane. Hier gab es bereits jede Menge Koalas, und was zu dem Zeitpunkt noch niemand wusste: Es würden im Laufe der nächsten Jahre immer mehr werden. Die Buschbrände führten auch dieses Wildtier-Krankenhaus an die Grenzen seiner Belastbarkeit, weshalb Anika mehrere Monate aushalf. Bei unserem Besuch zählten wir rund zwanzig Koalas, viele davon mit der berüchtigten Chlamydien-Infektion, die viele Tieren das Leben kostete oder sie so sehr zeichnete, dass sie nie wieder ausgewildert werden konnten, weil sie erblindeten. Ein schreckliches Schicksal.

»Unser« Koala wurde schließlich »Flossy« getauft und stationär aufgenommen. Dass das Tier in eine Wohnsiedlung gerannt war, könnte einen medizinischen Grund gehabt haben, dem die Tierärzte auf den Grund gehen wollten. Das Ergebnis sollten wir aber erst viel später erfahren. Erst einmal erwartete uns im Currumbin Wildlife Hospital noch ein anderer Zeitgenosse. Eine der Tierärztinnen begrüßte Anika und winkte sie wild herbei. »Oh, ihr habt ein Riesenglück, so was passiert hier ganz selten. Wir müssen heute einen Tasmanischen Teufel betäuben und untersuchen.«

Der Tasmanische Teufel ist ein schwarzer Raubbeutler, ungefähr so groß wie ein Marder, aber deutlich stämmiger und mit einer unglaublich großen Schnauze und sehr starken Malmzähnen, die in der Lage sind, selbst dicke Oberschenkelknochen von Riesenkängurus zu zermahlen. Die Beißkraft ist vergleichbar mit der von Krokodilen! Von diesen Tieren sollte nun also eines betäubt und untersucht werden. Es bestand der Verdacht, dass das Tier einen Tumor hatte, der schnell wucherte. Diese Erkrankung, ein ansteckender Krebs, hatte in den letzten

Jahren dazu geführt, dass Tasmanische Teufel in weiten Teilen Tasmaniens, der großen Insel im Südosten Australiens, ausgestorben waren, auf dem australischen Festland war die Art bereits vor Jahrhunderten komplett durch Eingriffe des Menschen ausgerottet worden.

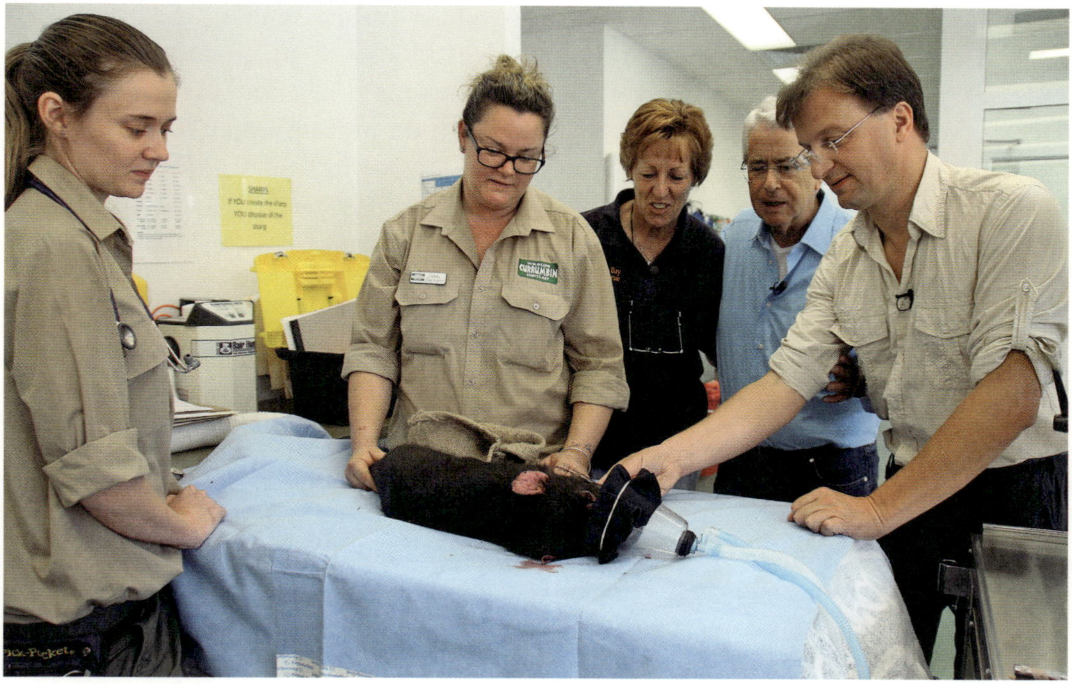

Untersuchung eines betäubten Tasmanischen Teufels im Currumbin Wildlife Hospital.

Im Currumbin Wildlife Hospital gab es zu diesem Zeitpunkt ein Zuchtprojekt, für das einige Tiere auf Tasmanien eingefangen wurden, um sie vor der Tumorerkrankung zu schützen und in menschlicher Obhut weiterzuzüchten für den Fall, dass sie in freier Natur komplett aussterben sollten. Ein schwieriges Unterfangen, das erneut zeigt, was für Methoden notwendig sind, um bedrohte Tierarten langfristig zu erhalten, vor allem in Australien mit seiner einzigartigen Tierwelt. Über den halben Kontinent verteilt gab es für dieses Unterfangen kleine Gruppen Tasmanischer Teufel in verschiedensten Institutionen, die dafür sorgten, dass sie sich vermehrten oder dies zumindest versuchten. Tasmanische Teufel haben ihren Namen übrigens aufgrund eines besonderen Rufs, der durch Mark und Bein gehen soll. Das steht in jedem Reiseführer, zu Gehör bekamen wir den Ruf im Krankenhaus aber nicht. Das wollten wir später auf der Reise noch nachholen.

Nun standen wir erst mal vor einem OP-Tisch, an dem gleich mehrere Tierärztinnen den betäubten Teufel durchcheckten und Proben von kleinen Gewebewucherungen nahmen, um sie auf Krebszellen zu untersuchen. Frank reagierte, wie er immer reagiert: Er ging einen Schritt zurück, schob Anika und Matthias nach vorne und sagte: »Geht ihr mal vor.« Das musste man Matthias nicht zweimal sagen. Unser Biologe war natürlich hellauf begeistert. So nah an einen Tasmanischen Teufel würde er wahrscheinlich nie wieder in seinem Leben kommen. Sie sind selten, und sie sind sehr scheu. Das heißt, man hat quasi nie die Möglichkeit, diese Tiere in freier Wildbahn zu Gesicht zu bekommen. Umso eindrücklicher war es, einem von ihnen sogar in die Augen schauen und auch das kräftige Gebiss bestaunen zu können.

Die Untersuchung ging ganz schnell, ruck, zuck wurden einige Proben entnommen, und am Ende stand fest, dass das Tier ganz normal weiterleben konnte – in der Hoffnung, dass es sich bald paarte und vermehrte. Doch uns hatte nun natürlich der Ehrgeiz gepackt. Wir wollten einen Tasmanischen Teufel in freier Natur sehen – dafür war allerdings erst ganz am Ende unserer Reise noch Zeit.

Zunächst einmal ging es für uns ganz in den Norden Australiens, nach Cairns – und auch dort trafen wir eine ganz besondere Frau. Während wir bis jetzt in einem eher mediterranen Klima unterwegs waren, hatte es hier über 30°, und die Luftfeuchtigkeit lag bei unserer Ankunft ungefähr bei 80 Prozent. Wir waren verabredet mit Margot Cianelli, einer deutschen Auswanderin, die früher einmal in der Stuttgarter Wilhelma Tierpflegerin war. Grund für ihren Wohnortwechsel vierzig Jahre zuvor waren unter anderem die Baumkängurus, eine Tierart, die man sich in Europa nur schwer vorstellen kann. Doch es gibt sie tatsächlich: Kängurus, die auf Bäumen leben und klettern, ungefähr so wie in Südamerika oder Afrika die Affen. Biologen nennen das eine konvergente Entwicklung, wenn zwei Arten, in diesem Fall zwei Säugetierarten, die eigentlich gar nicht miteinander verwandt sind, eine ganz ähnliche ökologische Nische bekleiden, sich ganz ähnlich ernähren und ganz ähnlich leben.

Baumkängurus haben wie viele Tiere Australiens das große Problem, dass ihnen nach und nach die Lebensräume genommen werden. Natürlich vom Menschen. Hier im Norden Australiens sind es vor allem landwirtschaftliche Nutzflächen, die dazu führen, dass der ursprüngliche Regenwald abgeholzt wird. Und das ist in diesem Fall besonders tragisch, denn es handelt sich um den ältesten Regenwald der Welt.

Baumkänguru Kimberly beim Klettern im Regenwald.

An einem kleinen Stück dieses Regenwaldes, das noch erhalten geblieben war, hatte Margot ihr kleines Hotel errichtet. Alles war sehr familiär, sie und eine Verwandte bekochten einen abends sogar. Es gab allerdings so wenige Zimmer, dass es nicht ausreichend Betten für uns alle gab. Immerhin waren wir für ihre Verhältnisse mit großer Mannschaftsstärke angereist: zu fünft. Die vier vorhandenen Zimmer waren natürlich schnell belegt, sodass ich die »Ehre« hatte, im Wohnzimmer auf einer Pritsche zu schlafen. Eigentlich kein Problem, wäre da nicht diese Beutelratte gewesen, eines von Margots Ziehkindern, das sie seit mehreren Wochen mit der Flasche aufzog. Das Tier, ungefähr doppelt so groß wie eine Kanalratte, lebte eigentlich in einem Umhängebeutel, den Margot ständig unter dem Pullover mit sich herumtrug und nur zum Essen an einen Stuhl hängte. Doch an diesem Abend war die Ratte ausgebüxt. »Das hat sie noch nie gemacht«, hieß es.

Margot wusste nicht, hinter welchem Schrank sie sich verbarg, ging aber davon aus, dass sie in ihrem Schlafzimmer nächtigen würde, und so schickte sie uns zu Bett, bevor es am nächsten Tag mit den Dreharbeiten losgehen sollte. Kaum war ich eingeschlafen, lief die Beutelratte einmal quer über mein Gesicht. Ich hatte ja schon viel erlebt auf meinen Reisen und auch schon sehr viel Kontakt mit Tieren gehabt – aber diesmal erschrak ich fast zu Tode. Mit einem beherzten Griff schnappte ich die Ratte, brachte sie zu Margot, die mich im Nachthemd begrüßte, sich mehrfach entschuldigte und das Tier in Empfang nahm, das sogleich in ihrer Umhängetasche verschwand und die Nacht bei der Herbergsmutter im Bett verbrachte. Was bei Margot übrigens nichts Ungewöhnliches war: Über die Jahre hatte sie viele verschiedene Tiere aufgezogen, und immer wieder nahm sie sie quasi in ihrer Familie auf, ganz gleich, um welche Tierart es sich handelte.

Ein herrliches Bild morgens beim Frühstück: Wir saßen alle um den Tisch, es gab schwäbische Hausfrauenkost, und an jedem der Stühle, auf denen wir hockten, hing ein Beutel, in dem irgendein Tier lebte. Darunter mehrere Baby-Kängurus und eben die Beutelratte.

Und dann kam der große Auftritt des Baumkängurus. Schon beim Zubereiten des Frühstücks saß Kimberly auf Margots Schulter, blickte über selbige und bekam natürlich regelmäßig kleine Leckereien zugesteckt. Auch Frank war beeindruckt, nachdem er sich damit angefreundet hatte, dass er sich den Frühstückstisch mit fast einem Dutzend Tieren teilte, die immer wieder versuchten, etwas von den Brötchen auf dem Tisch abzubekommen. Margot war eine unglaublich gastfreundliche Frau. Sie erzählte uns beim Essen von ihren Erfahrungen der letzten Jahre, in denen das Waldstück, in dem ihr kleines Hotel stand, immer kleiner wurde, weil die Farmen rundum immer größer wurden.

Der Tagesablauf folgte bei Margot klaren Regeln: Kurz nach dem Frühstück bekam Kimberly ihren Sender um den Hals, mit dem sie im Regenwald wiedergefunden werden konnte, und dann durfte sie den Tag im Wald verbringen. Abends wurde das Tier wieder eingesammelt, damit es die Nacht bei Margot im Bett verbringen konnte. Als es langsam ans Einsammeln ging, folgten Frank und Matthias der resoluten Auswanderin in die glitschigen Hänge des Waldes. Sie witzelten noch, was sie doch für »Outdoortypen« seien, als sich Matthias auch schon auf den Hintern legte – zur großen Freunde von Margot. Nie werde ich ihr herzliches Lachen vergessen, das sie mehrmals am Tag auspackte, sobald etwas Lustiges passierte. Sie war eine fröhliche Frau, und das, obwohl sie jeden Tag direkt mit den Problemen der heimischen Tierwelt konfrontiert wurde. Immer wieder riefen Menschen aus nah und fern an, weil sie längst in der ganzen Region bekannt war als eine, die den Wildtieren half und im Grunde jedes Tier bei sich aufnahm. Übrigens nannte Margot im Laufe der Jahre jedes ihrer Baumkängurus Kimberly, einfach damit sie sich nicht umgewöhnen musste.

Reinschmidts Tierfakten

Kängurus können nicht nur hüpfen

Australien ist das Land der Kängurus, fünfundsechzig Arten bevölkern den Kontinent, von denen vier bereits als ausgestorben gelten. Typische Kängurus findet man im Busch und im Freigelände, aber auch auf Sportplätzen, in Stadtparks und Gärten. Überall haben sich die »Nationaltiere Australiens« weitere ökologische Nischen erschlossen. So gibt es Felsenkängurus, die über Steine klettern, und eben Baumkängurus, die vor allem in Wäldern leben. Ihr Körperbau unterscheidet sich von den bodenlebenden Arten durch kürzere, stämmigere Beine mit breiteren Sohlen und kräftigeren Vordergliedmaßen mit Krallen zum Festhalten. Auch die Hinterbeine sind deutlich kürzer, das sind Anpassungen, die für das Klettern in den Bäumen notwendig sind. In erster Linie ernähren sich die vor allem nachtaktiven Baumkängurus von Blättern und Früchten und kommen deshalb im Schutze der Dunkelheit auch gerne mal auf den Boden, wobei die Fortbewegung dort wesentlich unbeholfener wirkt als oben im Geäst.

Zwei, drei Stunden rannten wir durch den Urwald und schrien inzwischen alle lauthals nach Kimberly. Immer wieder sahen wir sie, wie sie von einem Baum zum anderen sprang. Bemerkenswert für ein Tier, welches in einem Wohnzimmer aufgewachsen war, dass es hier vier oder fünf Meter weite Sätze von einem Baum auf den anderen vollführte. Margot war bei alldem nicht wirklich wohl, das merkte man. Und dennoch war sie auch stolz.

Zoodirektor im Glück: Dieses Flinke Känguru bekam sein Frühstück direkt aus der Hand.

Am Ende des Tages, kurz vor Sonnenuntergang, hatten wir es dann endlich geschafft. Dank einer Handvoll Leckerlis und einiger guter Worte kam Kimberly schließlich langsam einen Baum herunter, sprang auf Margots Schulter, verwurschtelte ihre Haare – sie nannte das »bad hair day« – und schnappte sich gleich noch ein paar Leckerlis, die sie auf dem Rückweg zum Hotel verspeiste.

Was ein Tag! Der Dreh war komplett anders geplant gewesen, und doch war es ein wunderschönes Erlebnis, denn während der Suche im Regenwald hatten wir ganz viele von Margots früheren Pfleglingen getroffen. Immer wieder kamen Kängurus auf uns zu, die man ansonsten niemals zu Gesicht bekommen würde, weil es sich um äußerst scheue Tiere handelte. Wir knieten hinter der Kamera – ganz leise, um Kimberly nicht zu irritieren –, und plötzlich untersuchte ein Känguru Franks Hosentaschen nach irgendwelchen Snacks. Es ist kein richtig natürlicher Wald, in dem wir da unterwegs waren, sondern so etwas wie Margots »Familienreservat«. Ein besonderer Wald, den wir nie vergessen werden.

Die nächste Station auf unserer Australienreise: Tasmanien. Die abgelegene Insel im Südosten Australiens ist quasi die letzte Insel, bevor die Antarktis beginnt, und die letzte Heimat der gleichnamigen Teufel. Diese stark bedrohten Beuteltiere wollten wir unbedingt einmal in ihrem natürlichen Biotop sehen. Das wollten wir schon vor unserer Reise, aber nachdem wir die Tiere im Currumbin Wildlife Hospital erlebt hatten, war dieser Wunsch noch größer geworden. Kein einfacher Wunsch, denn es gibt nur noch einige Tausend Tasmanische Teufel auf der Insel. Aber wir hatten vor unserer Abreise einen Tipp bekommen, und so trafen wir den Forscher Chris Boland, der eine Gruppe Tasmanischer Teufel in einem etwa zwanzig Hektar großen Areal auf die vollständige Freilassung vorbereitete.

Tasmanische Teufel haben einen Ruf, der durch Mark und Bein geht.

Wir staunten nicht schlecht, als wir in eine Region fuhren, die aussah wie England. Nichts erinnerte hier an das, was man sich unter »Australien« vorstellt, nicht mal die Temperatur: 6° bei Dauerregen. An einem unscheinbaren Feldweg stand eine Art Unterstand aus Holz, zu einer Seite waren kleine Sichtfenster eingebaut. Chris erklärte uns, dies sei der perfekte Ort, um Tasmanische Teufel zu studieren – denn der Biologe hatte ein totes Känguru ausgelegt, um seine Beobachtungen durchzuführen. Der Geruch würde die Teufel anlocken – wenn sie denn in der Nähe waren.

Es dauerte eineinhalb Stunden. Wir wurden immer unruhiger, Matthias musste zudem auf die Toilette, doch genau in dem Moment, als er den Unterstand verlassen wollte, hörten wir es: das Heulen der Teufel! Und tatsächlich ging uns dieses Geräusch durch Mark und Bein, zumindest ein bisschen. Eine Gruppe Tasmanischer Teufel war offensichtlich auf dem Weg in unsere Richtung, denn das Heulen wurde immer lauter. Niemand durfte mehr einen Pieps von sich geben, was vor allem Frank extrem schwerfiel, ja, wir durften uns nicht einmal mehr bewegen. Keinen Mucks, kein Umdrehen der Kamera, nur lautloses Atmen. Und dann sahen wir sie!

Aus dem Dunkel der Nacht kam die Bande auf die Beute zu. Tasmanische Teufel haben, wie gesagt, ein brachiales Gebiss. Wie kräftig dieses Wunderwerk der Natur ist, konnten wir nun mit eigenen Augen sehen: Innerhalb kürzester Zeit machten sich vier Tasmanische Teufel heftig streitend über das Känguru her, zunächst über das Fleisch, und begannen dann, Sehnen und Knochen anzuknabbern. Das ganze Spektakel dauerte fast zwei Stunden, und natürlich wurden Frank und Matthias immer unruhiger. Der eine wegen des ausgefallenen Toilettengangs, der andere, weil er endlich wieder reden wollte. Als die Tiere sich getrollt hatten, nachdem ein Großteil der Beute verzehrt war, atmeten beide erleichtert auf. Wir konnten vor Ort noch ein kleines Interview machen, bevor auch wir uns trollten, tief beeindruckt davon, eines der seltensten Tiere Australiens beim Fressen beobachtet zu haben.

Kurz vor Ende unserer Reise machten wir noch mal Halt in der Nähe von Brisbane. Anika Lehmann, die uns versprochen hatte, Bescheid zu geben, wenn »unser« Flossy ausgewildert werden sollte, hatte sich glücklicherweise gemeldet. Zwei Tage vor dem mit Grauen erwarteten Rückflug, der noch einmal über 24 Stunden dauern würde, sollte es so weit sein. Die Tierärzte hatten Flossy als »genesen« entlassen, die festgestellte geringfügige Chlamydieninfektion konnte behandelt werden.

Reinschmidts Tierfakten

Von zwanzig Beutelteufeln überleben nur vier

Tasmanische Teufel sind wahre Beißmaschinen, denn im Verhältnis zu ihrer Körpergröße haben sie die größte Beißkraft aller Säugetiere. Zwar bevorzugen sie Aas, das sie auf ihren nächtlichen Streifzügen finden, jagen aber – wenn sie hungrig sind – auch Vögel, Reptilien und sogar Schafe. Sehr eigenartig ist ihr Fortpflanzungsverhalten: Ein Weibchen bringt nach 31 Tagen Tragzeit zwanzig bis dreißig völlig unterentwickelte Jungtiere zur Welt, die sich sofort durch das Fell auf den Weg zu den vier Zitzen im Beutel der Mutter machen, denn nur wer als Erstes eine solche erreicht, kann sich erfolgreich festsaugen. Alle anderen werden meist von der Mutter selbst gefressen.

Im Gegensatz zu Kängurus, bei denen sich der Beutel im Bauchbereich öffnet, können die Beutelteufelmütter keinen Kontakt zu ihren Jungen aufnehmen, denn dieser hat seine Öffnung nach hinten. Während ein junges Känguru immer wieder nach seinen ersten Ausflügen in den schützenden Beutel der Mutter zurückkehrt, verlassen die vier jungen Tasmanischen Teufel den Beutel nach etwa 105 Tagen und kehren nie mehr in diesen zurück, werden aber weiterhin von der Mutter im Bau betreut.

Anika hatte alles vorbereitet, das Tier saß in einem Käfig, und wir fuhren in die Nähe des Ortes, an dem es gefunden worden war. In diesem Fall war die Wahl auf eine Gärtnerei gefallen, deren Besitzer sein offizielles Okay zur Auswilderung gegeben hatte. Leider hatte Anika vergessen zu erzählen, dass ein deutsches Kamerateam das Ganze begleiten würde, und als wir über den Zaun stiegen, um an den Ort zu kommen, wo Flossy ausgewildert werden sollte, kam sofort Security-Personal anmarschiert.

Ich muss zugeben, ein bisschen mulmig wird einem schon, wenn man so »gestellt« und einem vorgeworfen wird, Hausfriedensbruch begangen zu haben, und neben einem steht ein Promi wie Frank Elstner. Mir schoss sofort die Schlagzeile »Frank Elstner wegen Hausfriedensbruch in Australien festgenommen« durch den Kopf.

Gott sei Dank kam es nicht so weit. Wir bekamen die Erlaubnis, Flossys Auswilderung zu drehen. Letztlich war es ein Wink des Schicksals, dass wir diese halbe Stunde Verzögerung hatten, denn langsam ging die Sonne unter, und so fand das Ganze in einem wunderschönen Licht statt. Frank gab zu, dass auch er jetzt weiche Knie hätte – Anika kämpfte da bereits mit den Tränen.

Nach ein paar leisen Worten öffnete sie den Käfig, und Flossy rannte in einer unfassbaren Geschwindigkeit den Baum hoch. Dass ein so plump wirkendes Tier, das die ganze Zeit relativ stoisch in einem Käfig gesessen und sich im Grunde gar nicht bewegt hatte, jetzt derartig schnell Baum hochrannte, überrumpelte uns förmlich. Man merkte, Flossy war zurück in ihrem natürlichen Lebensraum, dort, wo sie hingehörte. Mit ihren scharfen Krallen, die sie in die Rinde rammte, schaffte sie es innerhalb weniger Sekunden, die ersten zehn Meter des Baumes hochzurennen, hielt dann inne und schaute zu uns zurück. Das war der Augenblick, in dem Anika ihre Contenance verlor. Sie fing an zu weinen. Wir hatten alle Gänsehaut, und Frank nahm die Tierschützerin in den Arm.

Frank Elstner mit Enya, der kleinen Koala-Dame, die nach seiner Tochter benannt wurde.

Man merkte, wie nah ihm das ging und wie sehr er nachvollziehen konnte, was Anika gerade durchmachte. Sie hatte eines ihrer »Kinder« in die Freiheit entlassen, in die Selbstständigkeit. »Sie ist daheim. Sie ist einfach wieder daheim. Und darum geht es!«, sagte sie und ergänzte, wie sehr sie das jedes Mal wieder mitnimmt.

Solche Auswilderungen sind für Tierschützer wie Anika besonders aufwühlend. Einerseits ist es traurig, sich von einem Tier trennen zu müssen, zu dem eine intensive Beziehung aufgebaut wurde – andererseits macht es natürlich glücklich, diesem Tier die Freiheit zurückgeben zu können, das ist ja schließlich das Ziel ihrer gesamten Arbeit. Wir alle fühlten mit der traurig-glücklich schluchzenden Anika und sprachen am Abend noch sehr lange mit ihr über ihre Koalas und die in wenigen Monaten anstehende Auswilderung von der kleinen Enya. Anika ist eine ganz bemerkenswerte Frau, die Frank sehr beeindruckte und mit der wir alle bis heute in regelmäßigem Austausch stehen. Immer wieder rufen Matthias, Frank und ich dazu auf, für Anika zu spenden, und versuchen auf diese Weise, ihre Arbeit nachhaltig zu fördern – auch wenn sie am anderen Ende der Welt stattfindet.

KENIA

Der Kampf um die Nashörner

Von Christian Ehrlich

Dieser Tag in Ol Pejeta schlug jedem aus unserem Team auf den Magen. Es war der wahrscheinlich niederschmetterndste Moment auf all den Reisen, die wir im Laufe der Jahre machten, um auf den Artenschutz weltweit aufmerksam zu machen. Wir standen vor »Sudan«, dem letzten männlichen Nördlichen Breitmaulnashorn der Welt. Er war bereits fünfundvierzig Jahre alt (und damit älter, als Nashörner in der freien Natur werden), und was wir damals noch nicht wissen konnten: Wir sollten das letzte europäische Kamerateam sein, das mit ihm drehte. Doch auch so war uns allen klar, dass dieser altersschwache Nashornbulle auf natürlichem Wege nie mehr würde Nachkommen zeugen können.

Ol Pejeta ist eine Auffangstation im Zentrum von Kenia, in der alle Nördlichen Breitmaulnashörner, die es noch gibt, versammelt wurden, um für die Rettung dieser Letzten ihrer Art zu kämpfen. Wir reden hier von drei (!) Tieren. Sudan, das letzte Männchen, und zwei Weibchen, die etwas weiter entfernt standen.

Schon auf dem Weg nach Ol Pejeta ahnten wir, dass dies vermutlich eine ziemlich traurige Reise werden würde. Auf den buckeligen Pisten Kenias lenkten wir uns durch die üblichen Witzchen ab. Matthias hatte mal wieder ein paar neue auf Lager, die er teils mehrfach vortrug, um uns auf andere Gedanken zu bringen. Als wir dann vor dem Tier standen, war alle Aufheiterung jedoch schnell verflogen. Niemandem war mehr zum Lachen zumute, wir mussten sogar die Dreharbeiten unterbrechen, weil alle Tränen in den Augen hatten, auch Kamera- und Tonmann. Was gerade in Afrika durch die irrsinnige Wilderei verloren geht, lässt niemanden kalt.

Sudan war das letzte Männchen des Nördlichen Breitmaulnashorns auf der Erde.

Dass wir überhaupt in die Nähe dieses Tieres durften, verdankten wir Frank Wirth. Der Deutsche hatte uns nach Kenia eingeladen, wo er zusammen mit seiner kenianischen Frau schon viele Jahre lebt und eine Öko-Lodge betreibt. An diesem Tag hatte er einen großen Spendenscheck dabei, der dazu beitragen sollte, dass nach dem Tod von Sudan dessen Spermien entnommen werden konnten, um eine künstliche Befruchtung durchzuführen. Ein irrwitziges Projekt, das bis heute noch immer nicht abgeschlossen ist. Im Frühjahr 2022 haben Forscher Embryos aus Sudans Sperma und entnommenen Eizellen der beiden verbliebenen Weibchen produziert. Ob diese allerdings in eine Nashornkuh einer anderen Unterart eingepflanzt werden und sich dort entwickeln, stand zu dem Zeitpunkt, als wir dieses Buch schrieben, noch in den Sternen. Dazu fehlt noch die Genehmigung der kenianischen Behörden.

Für Matthias war all dies ohnehin egal. Er war wütend, und das zu Recht. Immerhin wandten wir unseren Blick auf eine Unterart, die gerade von dieser Erde verschwand. Auf natürlichem Wege würden die Nördlichen Breitmaulnashörner nicht erhalten werden können. Immer wieder musste Matthias sich Tränen aus den Augen wischen, während er seine O-Töne gab. Lebensraumverlust, aber vor allem geldgierige Kriminelle, die illegal Nashörner töteten, hatten sie an den Rand der Ausrottung gebracht. Und auch Frank Elstner, normalerweise Hort der Ruhe und Gefasstheit in unserem Team, merkte man an, dass er emotional höchst angegriffen war. Auch er hatte Tränen in den Augen und rang nach den Worten.

Immer wieder berichteten wir in den kommenden Jahren von unserer Begegnung mit Sudan, und immer wieder riefen wir zu Spenden auf, um das weitere Aussterben der Nashörner zu verhindern. Sudan selbst konnte das alles freilich nicht retten. Er starb wenige Wochen nach unseren Aufnahmen. Die ganze Welt nahm Abschied vom letzten Männchen seiner Art. Sudan ist aber letztlich nur ein Symbol für das, was gerade in Afrika passiert: Es ist ein Krieg, so nannte es einer der Ranger, mit denen wir vor Ort sprechen konnten. Ein Krieg der Ranger und der Soldaten Kenias gegen die Wilderer, die vor allem aus südostasiatischen Ländern gesteuert werden.

Unser Protagonist Frank Wirth, der ehrenamtlich im Schutzgebiet Solio sogenannte Foto-IDs von Nashörnern erstellt und damit Rangern hilft, einzelne Tiere zu identifizieren, nannte es eine weltumspannende Mafia, die sich darauf spezialisiert hat, Nashörnern aufzulauern, sie zu erschießen und ihnen das Horn vom Kopf zu schneiden. Zum Zeitpunkt unserer Reise wurden 150000 Dollar pro Kilogramm dieses Horns gezahlt. Das heißt, wenn das Horn eines Nashornes etwa sieben oder acht Kilo wiegt, was bei großen Tieren durchaus der Fall ist, reden wir von über 1 Million Dollar. Solche Summen, die in Asien für das illegale Produkt bezahlt werden, führen natürlich dazu, dass sich immer Menschen finden, die sich auf die gefährliche Jagd nach den Nashörnern machen. Gefährlich nicht nur, weil die Tiere teils sehr wehrhaft sind, sondern auch, weil die Ranger aufgerüstet haben.

Wir haben in Europa oft die Vorstellung, dass es vor allem arme Bauern sind, die sich auf die Lauer legen, um ein Nashorn zu schießen und damit ihre Familien zu ernähren. Doch diese Vorstellung ist meistens komplett falsch. Häufig sind es gerade die Anwohner der Nationalparks, in denen die Nashörner leben, die ganz besonders für den Erhalt der Tiere kämpfen und immer ein wachsames Auge darauf haben, was rund um den Park passiert. Aus naheliegenden Gründen: Die vielen Touristen, die extra für die Nashörner nach Kenia reisen, sorgen für ein gutes Einkommen der Menschen, die ansonsten um ihr Überleben kämpfen. Und trotzdem braucht es bewaffnete Soldaten und Ranger, die die Tiere beschützen, rund um die Uhr. Der Aufwand ist gigantisch, man kann sich das kaum vorstellen.

Die Wilderei kostet jährlich Hunderten Nashörnern das Leben. [13]

Trotz zunehmender Berichterstattung in Europa macht man sich kein Bild davon, was in den Nationalparks Afrikas passiert. Wir konnten darüber mit Raphael Muthama sprechen. Er war Commander beim Kenya Wildlife Service (KWS), also sozusagen Dienstchef des Natur-

Commander Raphael Muthama kämpft jeden Tag gegen die Wilderer.

schutzministeriums, und in Solio stationiert, unweit von Ol Pejeta. Er hatte einen der gefährlichsten Jobs der Region, es gab jedes Jahr Todesfälle in seiner Kompanie, wenn Wilderer mal wieder nicht nur auf die Nashörner schossen. Als Raphael, nachdem er uns von seinen Einsätzen berichtet hatte, sein Handy zog, ahnten wir noch nicht, was er uns zeigen wollte. Frank wurde kreidebleich, als er die Bilder sah. Fein sortiert in Ordnern sahen wir Fotos von verstümmelten Nashörnern, blutüberströmt. Teils stand daneben noch ein Baby, dessen Mutter gerade von Wilderern getötet worden war, nur um ein paar Kilo Horn mit einer Kettensäge abzutrennen und nach Asien zu verschiffen.

Dass die Nachfrage nach diesem Horn solche Brutalität auslöst, liegt vor allem an einem aus europäischer Sicht ziemlich schwer nachvollziehbaren Aberglauben. In der traditionellen chinesischen Medizin soll das Horn von Nashörnern gegen alle möglichen Krankheiten helfen.

Was natürlich alles längst widerlegt ist. Das Horn besteht aus Keratin, also dem gleichen Stoff, aus dem auch Fingernägel oder Haare sind. Man könnte also genauso gut auch einen Friseursalon ausfegen und die Haare essen oder aber an seinen Fingernägeln kauen. Der Effekt wäre exakt der gleiche. Der Aberglaube schwindet in jüngeren Generationen zwar, aber es bleibt ungewiss, ob er sich ausrotten lässt, bevor er die Nashörner ausgerottet hat.

Sicher ist: Das Abschlachten der Nashörner hat in den letzten zwanzig Jahren jedenfalls unglaubliche Ausmaße angenommen. Menschen wie Raphael setzten ihr Leben ein, um sich genau dem entgegenzustellen. Das beeindruckte uns extrem. Im Dreischichtensystem saßen er und seine Kollegen auf den Ausgucken oder fuhren mit dem Jeep Patrouille. Meistens kamen die Wilderer nachts, und auch sie waren immer besser ausgestattet. Raphael berichtete uns von Nachtsichtgeräten und dass sie die Nashörner seit Neuestem nicht mehr mit normalen Gewehren erschossen, sondern mit langsam wirkenden Giftpfeilen arbeiteten, weil man deren Abschuss nicht hörte. Nichtsdestotrotz waren er und seine Kollegen extrem erfolgreich und sind es weiterhin: 2021 war das erste Jahr, in dem es in Kenia gar keine getöteten Nashörner gab. Das wäre vor wenigen Jahren noch undenkbar gewesen und hatte vermutlich auch mit dem konsequenten Handeln des Kenya Wildlife Service zu tun, denn auf Raphaels Handy gab es noch einen zweiten Ordner, den er ungefragt öffnete. Darin waren nicht getötete Nashörner zu sehen, sondern getötete Wilderer. Kenia ist nicht nur ein wunderschönes Land mit einzigartigen Naturschätzen, es ist auch ein hartes Land. Das mussten wir bei dieser Reise schon ziemlich früh feststellen.

Eine Reise nach Afrika stand auf Franks Wunschzettel ganz oben. Das hatte er schon in den Jahren zuvor immer wieder kundgetan, und ich hatte mich eifrig geweigert. Mir schien eine Reise in relativ gefährliche Länder, wie es sie in Afrika zuhauf gibt, mit einem berühmten deutschen TV-Star und einem Zoodirektor im Gepäck nicht gerade sinnvoll zu sein. Frank Wirth war es dann, der mich schließlich doch noch davon überzeugte, nach Kenia zu kommen und damit den Wunsch seines Namensvetters zu erfüllen. »Der andere Frank«, wie wir Frank Wirth auf dieser Reise immer wieder nannten, lernte vor über zwanzig Jahren seine heutige Frau in Kenia kennen, blieb dort und baute mit ihr eine Lodge ganz in der Nähe des Solio-Schutzgebietes in Zentralkenia. Dorthin hatte er uns eingeladen, und ich hatte mich breitschlagen lassen, vor allem weil mir die Rettung der Nashörner ein besonderes Anliegen ist.

Als wir im Flugzeug nach Nairobi saßen, ahnte noch niemand, dass wir aufgrund verschiedener Umstände am Ende tatsächlich dreimal nach Kenia würden reisen müssen, um unseren Film komplett fertigzustellen. Es war die längste Produktion, die wir zusammen »durchstehen« mussten. Fast zwei Jahre lagen zwischen dem ersten Drehtag und der Abgabe des Films. Zu den Gründen später mehr. Nun standen wir erst einmal mit unserer kleinen Reisegruppe am Zoll in Nairobi, und niemand dachte, dass dies gleich zu einer der größeren Herausforderungen auf dieser Reise werden sollte. Eigentlich hatten wir über Wochen alles vorbereitet: Drehgenehmigungen, Einreisevisa, alle möglichen Genehmigungen für Nationalparks und natürlich die obligatorischen Zollerklärungen für unsere rund zweihundert Kilo technisches Übergepäck waren längst ausgefüllt. Trotzdem wurden wir aufgehalten, stundenlang. Es war nicht klar, ob die Zöllner einfach nur korrupt waren und »Bakschisch« wollten – oder so ein »Handgeld« die Situation verschlimmern würde.

Während ich lange diskutierte, stellte ich irgendwann fest, dass Matthias verschwunden war. In einer Diskussionspause fragte ich Frank, der relativ ruhig auf einem der völlig unbequemen Plastikstühle im Ankunftsbereich des Flughafens saß: »Sag mal, wo ist denn der Matthias eigentlich?« Frank schaute sich um, als hätte er etwas zu verbergen, und beugte sich zu mir. »Der versteckt gerade seine Plastiktüten.« Ich schaute Frank völlig irritiert an. Bitte was?

Während der langen Warterei hatten Frank und Matthias beobachtet, was mit den anderen Touristen passierte, die nach Kenia einreisten. Dazu muss man wissen, dass Kenia eines der ersten Länder weltweit war, das die Benutzung von Plastiktüten verboten hatte. 50 Dollar Strafe drohte Touristen, die in ihrem Gepäck Plastiktüten mitführten. Dies hatte zur Folge, dass die kenianischen Zollbeamten ein besonders scharfes Auge darauf warfen – außer natürlich, man hatte zweihundert Kilo Kameratechnik dabei (verpackt in Jutebeutel). Immer wieder wurden deutsche, englische oder amerikanische Touristen aufgehalten und mussten teils unter lautstarkem Protest 50 Dollar bezahlen, weil sie eine Plastiktüte im Koffer hatten – oder mehrere. Bei diesem Anblick hatte sich Matthias dann offenbar daran erinnert, dass auch er eine dabeihatte, und das, obwohl ich allen Mitreisenden vorher gesagt hatte, sie sollten das bitte nicht machen. Matthias hatte sich zwar weitgehend daran gehalten, seine Fotoausrüstung dann aber doch fein säuberlich in Plastiktüten verstaut. Die hatte er nun heimlich, still und leise aus seinem Koffer herausgefummelt und war damit zur Toilette gegangen. Als er zurückkam, hatte er nichts mehr in den Händen, reagierte aber wie ein Schuljunge, der beim Schummeln erwischt wurde, als ich ihn fragte: »Na, wie war deine illegale Entsorgung?« Er schaute sich um und sagte: »Das ist ein totaler Mist. Die rechnen hier mit so was. Es gibt keine Mülleimer auf den Toiletten, ich musste die Plastiktüte unter einer Klobürste verstecken.«

Nun gab es also keine Plastiktüten mehr, aber wir waren noch immer nicht nach Kenia eingereist. Kurz darauf kam auch endlich Frank Wirth in den Flughafen. Man hatte ihn nach langen Diskussionen reingelassen. Er verschwand in einem Kämmerchen der Zollbehörde, kam wenige Minuten später wieder raus und nahm uns mit. Niemand von uns fragte, wie genau unsere Einreise geregelt worden war, aber wir hatten alle Stempel, um mit unserer Arbeit beginnen zu können.

Egal wo wir anhielten, wurde Frank Elstner »Mzee« genannt. Das ist Swahili und bedeutet übersetzt so viel wie »alter Mann«, ist aber längst nicht so abschätzend gemeint, wie es sich jetzt vielleicht anhört. Es ist eher eine Ehrbezeichnung für einen Menschen, der es geschafft hat, überdurchschnittlich lange zu leben. Vor allem für Menschen mit weißen Haaren wird dieser Begriff häufig benutzt. Als der Begriff das erste Mal fiel, erklärte uns Frank Wirth, was damit gemeint war, und verglich es mit der Bezeichnung »Silberrücken«, was unserem Frank natürlich besser gefiel.

Auf unserer Reise kultivierte er den Begriff geradezu zu einem Running Gag. »Lasst mich mal durch, hier kommt der Mzee«, war ein gern genutzter Satz, wenn er irgendwo als Erster hinwollte. Zum Beispiel zum Buffet in Frank Wirths Lodge. Dort verbrachten wir die meiste Zeit auf unserer ersten Keniareise, und dieser Ort war ein ganz großer Glücksfall. Nicht nur, weil er fast schon fußläufig zum Solio-Schutzgebiet liegt und damit zu dem Schutzgebiet mit der höchsten Nashorndichte in ganz Kenia. Nein, Frank Wirth hatte hier über die Jahre ein kleines Paradies geschaffen. Es war kein Hotel im eigentlichen Sinne, sondern eine klassische Lodge, bestehend aus einigen Zelten und Hütten, die in den Hang gebaut waren. Dazu gab es natürlich eine Rezeption und ein kleines Restaurant mit erstaunlich gutem Essen, das jeden Abend von den Einheimischen zubereitet wurde.

Der andere Frank hatte das Grundstück vor vielen Jahren gekauft und damit begonnen, nicht nur die Hütten zu bauen, sondern es auch langsam wieder aufzuforsten. Rundherum hatte es quasi keinerlei Wald mehr gegeben. Über Jahrzehnte hinweg hatten die Menschen der Umgebung Bäume gefällt, zu Baumaterial verarbeitet und vor allem Wiesen geschaffen für ihr Vieh. Diese Entwicklung, ein großes Problem für die Wildtiere, gibt es überall in Afrika. Die stark wachsende Bevölkerung braucht Land für die landwirtschaftliche Produktion, also schlicht, um sich zu ernähren – und dieser Ausdehnung fallen immer mehr Wälder und andere Biotope zum Opfer.

Die Aufforstung rund um die Lodge von Frank Wirth hatte zur Folge, dass sich immer mehr Tiere dort ansiedelten. Im Laufe der Zeit entdeckten wir einige davon. Matthias natürlich als Erstes die vielen Vögel, unter anderem die Webervögel, die ihre filigranen Nester in einem dornigen Busch direkt an der Rezeption bauten. Er war so begeistert von den Vögeln, dass er seinen Koffer und alles andere stehen ließ, nach seiner – ja inzwischen unverpackten – Kamera kramte und erst einmal ausführlich mehrere Dutzend Fotos von den Tieren beim Nestbau machte. Und da hatten wir wieder die typische Aufteilung auf all unseren Reisen: Matthias hatte nur Augen für Federtiere, während Frank schnell einchecken und das Zimmer beziehen wollte. Er war auch der Einzige, der stets seinen gesamten Kofferinhalt fein säuberlich in die Schränke einräumte, sobald wir in ein Hotel kamen – selbst wenn wir dort nur ein oder zwei Nächte blieben. Matthias und ich schmissen unseren Koffer einfach in den Raum, öffneten ihn nur bei Bedarf und stopften später alles wieder rein. Franks Ordnungsliebe färbte in den gesamten zehn Jahren nie auf uns ab, auch wenn er sie uns immer wieder wärmstens nahelegte.

Am nächsten Tag sollte es eigentlich ins Schutzgebiet gehen, doch das verzögerte sich etwas, was aber weder an Matthias' Fotografiererei noch Franks Packritualen lag. Ich hatte in einem Busch ein Dreihornchamäleon entdeckt. Reptilien gehörten schon immer zu meinen Lieblingen, und so wollte ich unbedingt mit diesem seltenen Tier drehen, das übrigens auch unter Artenschutz steht, nicht wegen Wilderei, sondern vor allem weil die Biotope dieser Reptilien zerstört werden. Da Frank noch nie einem Chamäleon begegnet war, wollte ich ihm etwas ganz Besonderes zeigen und ging auf Insektenfang. Es hört sich vielleicht etwas seltsam an, aber in meinem nie ausgeräumten Koffer habe ich immer auch kleine Plastikdöschen dabei, in denen ich Insekten, Spinnen oder andere kleine Tiere kurzzeitig hältern kann, und natürlich auch eine Pinzette, um diese zu fangen. Und das tat ich nun.

Ich kroch also auf den Knien vor meiner Hütte umher und versuchte, relativ flinke Heuschrecken einzufangen und in meinen Plastikböxchen zu verstauen. Als Matthias und Frank mich dabei auf dem Rückweg vom Frühstück erwischten, kamen sie sofort zu mir und fragten besorgt, ob ich etwas Wichtiges in dem hohen Gras verloren hätte …

Keine zehn Minuten später wurde das Rätsel für die beiden gelüftet. Das Chamäleon saß noch im Busch, und ich hoffte, dass das Tier mit seiner langen Zunge – die Zunge eines Chamäleons ist länger als der Körper des Tieres – eine meiner Heuschrecken fangen würde. Ich

Reinschmidts Tierfakten

Dreihornchamäleons – mehr hilft mehr

Wieso drei Hörner, reicht nicht auch eines? Genau diese Frage stellt sich, wenn man ein Dreihornchamäleon das erste Mal sieht. Auf jeden Fall hat man dann ein männliches Tier vor Augen, denn die Weibchen haben keine Hörner oder nur sehr rudimentär angelegt. Damit weisen Dreihornchamäleons einen ausgeprägten Sexualdimorphismus auf, das heißt, Männchen und Weibchen unterscheiden sich deutlich. Für die Männchen sind die Hörner Waffen, die sie beim Aufeinandertreffen mit männlichen Artgenossen auch einsetzen, um einen Eindringling oder »Nebenbuhler« zu vertreiben. Je größere und je mehr Hörner ein Chamäleon hat, desto besser kann es sich verteidigen, und so lässt sich die Entwicklung der drei Hörner als evolutive Anpassung deuten, denn, wie so oft in der Natur, setzt sich der Stärkere durch und kann damit seine Gene an die nächste Generation weitergeben. Findet ein Paar zusammen, kopulieren sie immer wieder miteinander, an bis zu elf aufeinanderfolgenden Tagen. Nach einer Trächtigkeit von etwa 192 Tagen werden bis zu fünfzig Jungtiere geboren.

drückte also Matthias meine Beute samt Pinzette in die Hand und ließ ihn das Chamäleon füttern. Und tatsächlich: Obwohl es sich um ein Wildtier handelte, ließ es sich von uns nicht weiter irritieren, steuerte zielgerichtet die angebotenen Heuschrecken an und schoss sie mit der Zunge ab. Frank war total begeistert, und auch ich liebte solche Momente! Ich liebte es, wenn wir ihm etwas zeigen konnten, das er noch nie gesehen hatte. Seine Begeisterung für die Natur und die Tiere kam dann besonders deutlich zum Vorschein. Tiere, über die er sich noch nie vorher große Gedanken gemacht hatte, lernte er auf diese Weise am besten kennen und schätzen. Noch Tage später sprach der »Mzee« immer wieder von der langen Zunge des Chamäleons.

Eigentlich waren wir aber natürlich wegen der Nashörner da, und Frank Wirth hatte uns zwei Jeeps besorgt, mit denen wir nach der Chamäleonpause dann auch in das Solio-Schutzgebiet aufbrachen. Ich hatte aus den vorherigen Reisen gelernt und Matthias und Frank zusammen mit Frank Wirth in einen Jeep gesteckt und das Kamerateam und mich in einen zweiten. Das hatte folgenden Grund: Auf den letzten Reisen saßen wir immer gemeinsam in einem Auto, und immer, wenn besondere Tiere vor der Kamera auftauchten, sagte ich die standardisierten Worte: »Don't move!« (Auf Englisch, damit es auch der Fahrer verstand.) »Nicht bewegen« hatte ich vor unseren Reisen immer für eine relativ klare Anweisung gehalten – meine Kollegen zeigten mir, dass dem nicht so ist. Wenn interessante Tiere vor der Kamera auftauchten, neigte Matthias zum Beispiel dazu, trotz »Don't move« nach seiner Fotokamera zu suchen, um schnell ein paar Bilder zu machen, und Frank hatte sofort tausend Fragen auf der Zunge liegen. Er ließ sich von Matthias alle möglichen Daten und Fakten über die gerade zu sehenden Tiere geben. Beides sehr verständlich, aber für einen Kameramann natürlich der Horror. Dessen Arbeit wird danach bewertet, wie gut die Bilder sind, und wenn ständig etwas wackelt oder im Hintergrund getuschelt wird, ist dies natürlich schwer.

Hier in Solio hatten wir also die luxuriöse Doppel-Auto-Variante gewählt, um diesem Problem vorzubeugen – und es lohnte sich wirklich. Auf keiner unserer Reisen waren wir an einem Ort, wo wir so viele unterschiedliche Wildtiere in so kurzer Zeit so nah besichtigen konnten. Eigentlich waren wir relativ naiv davon ausgegangen, dass wir drei oder vier Tage brauchen würden, um die Bilder für unseren Film über

Nashörner in Freiheit zusammenzubekommen. Weit gefehlt. Wenn ich ganz ehrlich bin: Schon nach dieser ersten kleinen Safari von vier Stunden hatten wir genügend Material, um alle Themen, die wir im Film besprechen wollten, zu bebildern.

Gerade was das Filmen von Nashörnern anging, hatten wir riesiges Glück. Die ersten Tiere, die wir sahen, waren gleich drei junge Nashornbullen, die lustigerweise leicht ineinander verkeilt miteinander kämpften. Es sah aus wie ein rumpeliges Ringelreihen. Frank Wirth fotografierte all diese Tiere, wie er es eigentlich immer machte, sobald ein Nashorn auftauchte. Er fertigte auch heute Foto-IDs an, also so eine Art Personalausweis von jedem Nashorn, damit später die Ranger wissen, welche Tiere sich gerade wo im Park aufhalten.

Ein seltenes Bild: Spitzmaulnashörner mit Jungtier im Solio Schutzgebiet.

Keine halbe Stunde später wurde er plötzlich ganz nervös, denn da tauchte ein Spitzmaulnashorn mit Jungtier auf. Dieses Baby hatte er bis dahin noch nie fotografiert, und so war es besonders wichtig, die Kamera zu zücken und mit einem langen Teleobjektiv möglichst viele Bilder von dem Kleinen zu machen. Ein wundervoller Anblick, den wir natürlich alle genossen, bis unser Frank die Frage stellte, die er immer in solchen Situationen stellt: »Wie gefährlich ist denn das jetzt, wenn so eine Nashornmutter das Auto angreifen würde? Was würde passieren?« Der

Reinschmidts Tierfakten

Was Spitz- und Breitmaulnashorn unterscheidet

Auf den ersten Blick ähneln sich Spitz- und Breitmaulnashörner sehr, wenngleich Erstere etwas kleiner sind und mit bis zu 1,5 Tonnen deutlich weniger Gewicht auf die Waage bringen als Letztere, die je nach Geschlecht zwischen 1,8 bei den Weibchen und bis über 3 Tonnen bei den männlichen Tieren wiegen. Ein deutliches – und namengebendes – Unterscheidungsmerkmal ist aber auf die ökologische Anpassung an die Ernährung zurückzuführen. Alle Nashörner sind reine Vegetarier. Spitzmaulnashörner ernähren sich in erster Linie von Blättern, Zweigen, Rinden und nur ausnahmsweise von Gras, so hat sich ihre Oberlippe im Laufe der Evolution fingerförmig herausgebildet. Diese muskulöse Anpassung zupft, wie ein »Minirüssel«, direkt die Blätter und Zweige ab und läuft relativ spitz aus. Im Gegensatz dazu hat das Breitmaulnashorn sehr breite Lippen, die, angepasst an seine Ernährungsweise, auf breiter Fläche Gräser abweiden können, ähnlich einem »Balkenmäher«. Somit haben sich beide Nashornarten an unterschiedliche Ernährungsformen angepasst und kommen sich damit nicht in die Quere, auch wenn sie im gleichen Lebensraum leben.

andere Frank erklärte, dass so was normalerweise ausgeschlossen sei, es aber unter bestimmten Umständen passieren konnte – wenn Nashörner aufgebracht waren zum Beispiel. Dann gab es Beulen. Als er merkte, wie schwer unser Frank atmete, fügte er hinzu: »Aber keine Sorge, wir achten alle darauf, dass wir den Sicherheitsabstand einhalten.«

Eigentlich sollte unsere erste Keniareise auch die letzte sein und damit enden, dass wir ein paar Nashörner dabei begleiten, wie sie aus einem Schutzgebiet in ein weiteres umgesiedelt werden, in dem es kaum noch Nashörner gab. Doch das Wetter machte uns einen Strich durch die Rechnung. Wenn man es genau nimmt, ist es sogar der Klimawandel gewesen, denn zu der Zeit, in der wir in Kenia drehten, herrschte im Süden des Landes bereits das dritte Dürrejahr in Folge. So etwas hatte es noch nie gegeben, und so war der Tsavo-Nationalpark, der Ort, an dem unsere Nashörner ein neues Zuhause hätten finden sollen, staubtrocken. Eine Umsiedlung unter diesen Umständen war jedoch unmöglich, wie wir in der zweiten Woche unserer Reise erfuhren.

Dies bedeutete nicht nur, dass wir ein weiteres Mal nach Kenia kommen, sondern auch, dass wir uns für die restlichen Tage etwas Neues vornehmen mussten. Deswegen reisten wir an die Küste des Indischen Ozeans, um eine Schildkrötenstation zu besuchen, die unter anderem durch einen deutschen Verein intensiv unterstützt wurde. Stationsleiter dort war Casper van de Geer, der eher aussah wie ein junger Surfer als ein handfester Artenschützer, doch er war vor allem Letzteres. Seiner Station war es zu verdanken, dass fast alle Nester, die Meeresschildkröten an dieser Küste anlegten, inzwischen geschützt wurden und somit gesichert war, dass die Babyschildkröten auch ausschlüpfen konnten. Über Jahre hinweg hatten Casper und seine Kolleginnen ein Netzwerk aufgebaut, und in diesem Netzwerk waren nicht nur Tier- und Artenschützer miteinander verbunden, sondern auch die Fischer an der Küste. Nach und nach hatte er mit vielen der Fischer gesprochen und sie davon überzeugt, die aus Versehen in ihren Netzen gelandeten Schildkröten nicht zu töten und zu essen, sondern gegen ein kleines Entgelt in der Station abzuliefern. Dort wurden die Tiere untersucht, behandelt, teilweise über Wochen aufgepäppelt und dann wieder ausgewildert. Das Wichtigste aber: Sie landeten nicht mehr im Kochtopf – das hatte Folgen, und die waren messbar.

Seit einigen Jahren steigen die Zahlen der Meeresschildkröten an Kenias Stränden wieder, und nicht nur dort. Meeresschildkröten-Stationen, die sich um den Schutz der Tiere bemühen, tragen weltweit zu einer Entwicklung bei, die Hoffnung weckt. Es ist eine der großen Erfolgsgeschichten des Artenschutzes, und wir durften daran teilhaben, und zwar mehr, als wir nach unserer kurzfristigen Planänderung für möglich gehalten hatten. Wir waren nicht nur bei der Rettung von ausgewachsenen Schildkröten aus Fischernetzen dabei und durften sie wieder auswildern, wir erlebten auch den Schlupf eines Meeresschildkrötennestes …

Über Jahre hinweg hatten wir schon versucht, genau das einmal zu filmen. In Indonesien hatten wir drei komplette Nächte darauf gewartet, auch in Sri Lanka hatten wir es versucht und in Australien ebenfalls kein Glück gehabt. Und in Kenia hatten wir eigentlich auch schlechte

Karten in der Hand, denn es gab nur noch ein einziges Meeresschildkrötennest, und die Biologen rund um Casper waren sich nicht sicher, ob die Eier überhaupt befruchtet waren. Wir waren alle schon zurück im Hotel, als ich den Anruf bekam, dass der Schlupf begann.

Da Matthias und Frank nicht auf ihren Zimmern waren, sondern, wie sich später herausstellte, im Pool, fuhr ich mit meinem Kamerateam eiligst zu dem Strand, wo einige Biologinnen darauf warteten, dass die Kleinen langsam rauskamen. Ein winziges Köpfchen war schon zu sehen, und das war der Anlass gewesen, uns zu rufen. Hektisch telefonierte ich immer wieder die Nummern von Frank und Matthias ab, denn natürlich wollte ich es den beiden ermöglichen, auch dabei zu sein nach so vielen Jahren – und natürlich wollte ich die beiden bei diesem besonderen Moment auch für unseren Film im Bild haben. Nach einer gefühlten Ewigkeit – in Wahrheit waren es wahrscheinlich nur zehn Minuten – erreichte ich Matthias. Ich schrie ihn geradezu an: »Packt sofort eure Sachen, kommt sofort her, nehmt euch ein Taxi!«, und nannte die Adresse der nächstliegenden Strandbar, wo ich die beiden einsammeln wollte. Matthias verstand gleich, welche Chance sich hier gerade bot, und machte Frank Beine. Der hingegen war schon im Feierabendmodus – im Grunde ganz zu Recht, es war bereits nach neun – und fragte, ob er sich nicht erst in Ruhe umziehen könne, welche Schuhe er denn brauche und so weiter. Matthias kürzte all das ab und schob ihn, wie er war, ins Taxi.

Wenige Minuten später erschienen die beiden in Flip-Flops und kurzen Hosen am Strand. Gerade so noch pünktlich: Fünf Minuten später fingen die Schildkröten an, ihr Nest zu verlassen. Auch wenn es mit einer so großen Hektik begonnen hatte, waren hinterher alle glücklich, bei diesem Spektakel dabei gewesen zu sein. Und zwar auch die Biologinnen – obwohl diese nicht unbedingt Lust auf das deutsche Kamerateam gehabt und entsprechend deutliche Worte gefunden hatten, um uns den Einsatz von Scheinwerfern zu verbieten. Casper kannte Dreharbeiten von anderen Kamerateams, die ihn schon besucht hatten. Immer wieder hatten die Kollegen große Scheinwerfer mitgebracht, um beim Schlüpfen der Schildkröten in der Nacht etwas Licht auf das Gelege zu bekommen, was Casper uns sofort untersagte. Die Erklärung war relativ einfach: Kleine Meeresschildkröten orientieren sich in den ersten Lebensminuten an der Helligkeit des Mondlichtes, das sich im

Reinschmidts Tierfakten

Wann kommen Meeresschildkröten an Land?

Die Meeresschildkröten haben sich im Laufe der Evolution vor etwa 200 Millionen Jahren wahrscheinlich aus landlebenden Schildkröten entwickelt, die das Meer als Lebensraum entdeckt haben. Heute gibt es noch sieben Meeresschildkrötenarten, die allesamt aquatisch leben, das heißt, ihr gesamtes Leben im Wasser verbringen – allerdings mit zwei Ausnahmen: So kehren die weiblichen Tiere an den Strand zurück, an dem sie selbst geschlüpft sind, um ihrerseits Eier zu legen. Dazu müssen sie das Meer verlassen und sich mühselig über den Strand in wellensicheres Gebiet schleppen, um dort eine Nistgrube zu graben und Eier hineinzulegen. Nachdem die Eier mit Sand bedeckt worden sind, kehren die Weibchen umgehend ins Meer zurück. Je nach Umgebungstemperatur schlüpfen die jungen Schildkröten nach fünfzig bis achtzig Tagen. Die Nacht des Schlüpfens ist der einzige Zeitpunkt im Leben einer männlichen Meeresschildkröte an Land. Hat sie das Wasser erst einmal erreicht, wird sie es ihr ganzes Leben lang nicht mehr verlassen.

Übrigens entscheidet die Umgebungstemperatur des Nestes, ob männliche oder weibliche Schildkröten schlüpfen. Bei Bruttemperaturen um 28° Celsius schlüpfen nur Männchen, bei Temperaturen um 32° Celsius Weibchen, dazwischen entstehen beide Geschlechter.

Meer spiegelt. So finden sie den Weg in ihren natürlichen Lebensraum, eben in den Ozean. Ein leuchtendes Kameralicht würde sie natürlich irritieren und im schlimmsten Fall von ihrem Weg zum Meer abbringen. Natürlich befolgten wir diese Regelung. Wir wollten die Tiere auf gar keinen Fall gefährden und drehten daher bei fast völliger Dunkelheit. Nur ein bisschen Rotlicht hatten die Forscher an, um die Anzahl der Babyschildkröten, die das Nest verließen, dokumentieren zu können.

Doch Casper hatte die Rechnung ohne die Strandbar gemacht, an der ich Matthias und Frank abgeholt hatte. Die hatte eine große Leuchtreklame, und an diesem Abend gab es irgendein interessantes Champions-League-Spiel, das dort übertragen wurde. Schon nach kurzer Zeit stellten alle fest, dass die Schildkröten nicht ins Meer liefen, sondern abbogen und auf diese Strandbar zuliefen. Mitten im Interview stürmte Casper zu uns, unterbrach die Dreharbeiten und sagte: »Ich brauch euch jetzt. Bitte stellt euch mit der Kamera ins Wasser und macht eure hellsten Scheinwerfer an, damit die zu euch kommen. Wir müssen den Kleinen jetzt helfen.«

Natürlich machten wir das sofort, der Lichttrick funktionierte, und so generierten wir, quasi als Abfallprodukt, auch noch ein paar tolle Bilder, wie die kleinen Schildkröten in die Wellen liefen. Ein schöner Abschluss für diese Reise – auch wenn die Auswilderung eines Nashorns weiterhin ausstand.

Die Auswilderung der Nashörner mit großen Lkws ließ lange auf sich warten. [14]

Bis wir diese Auswilderung schließlich drehen konnten, zog es sich unendlich hin. Immer wieder kam die Nachricht, dass die Nashörner nun vom Lake-Nakuru-Nationalpark in den Tsavo-Nationalpark umgesiedelt werden sollten. Federführend waren hier der WWF und natürlich der kenianische Staat. Dieser allerdings hatte aufgrund interner Querelen immer wieder Probleme damit, die Genehmigung dafür auszustellen. Das Wetter hatte sich inzwischen geändert, dennoch dauerte es Monate.

Immer wieder bekamen wir Termine genannt, zu denen die Tiere umgesiedelt werden sollten, die kurz darauf wieder verworfen wurden. Und so kam es, dass unsere zweite Keniareise eine gänzlich private wurde.

Frank, seine Frau, einige Freunde und ich besuchten Frank Wirth. Der Grund: Frank hatte es so gut in Kenia gefallen, dass er diese Erlebnisse unbedingt mit seiner Frau teilen wollte. Da er es ja über Jahre gewohnt war, dass ich seine größeren (beruflichen) Reisen organisierte, war es für ihn wahrscheinlich folgerichtig, direkt mich zu fragen, ob ich nicht mitkommen würde, um mit ihnen noch einmal einige Teile Kenias zu bereisen und eben ein paar schöne Tage miteinander zu verbringen. Natürlich kam ich gerne mit, und es hat sich unglaublich gelohnt. Der Unterschied zwischen einer Privat- und einer Drehreise ist eben immens, auch wenn manche TV-Kollegen es nicht lassen können, ironisch zu fragen: »Na, wart ihr wieder auf Urlaub?«, wenn wir von unseren Drehs zurückkommen.

Dreharbeiten für das Fernsehen sind unglaublich aufwendig. Deshalb muss man wirklich noch einmal betonen, wie bemerkenswert gut Frank in seinem Alter die Belastungen, die so eine Reise in die Tropen mit sich bringt, immer wieder bewältigt. Oft sind wir vierzehn, sechzehn, achtzehn Stunden lang unterwegs. Manchmal sitzen wir tagelang in Autos und fahren über schlechte, holprige Pisten, und uns tut alles weh. Das sind wirklich keine Komfortreisen, die wir seit zehn Jahren für unsere Produktion machen. Es ist manchmal sogar richtig grenzwertig und tut mir regelmäßig leid, dass ich meine beiden Freunde Frank und Matthias in solche Situationen bringen muss. Aber gerade in den entlegenen Regionen Asiens oder Afrikas sind die Verkehrsmittel eben manchmal – nun ja – gewöhnungsbedürftig.

Dieses Mal waren es immerhin sehr ordentliche Jeeps, mit denen wir unterwegs waren und einige ganz besondere Tiere trafen. Dazu gehörten nicht nur Nashörner und Giraffen, zu denen wir in diesem Fall sogar zu Fuß gehen konnten, sondern auch diverse kleine Affen, die wir auf unserer ersten Reise fast gar nicht gesehen hatten – und so kam es, dass wieder einige Aufnahmen entstanden, die am Ende auch in unserem Film landeten. Ganz privat ist man als Tierfilmer dann doch irgendwie nie unterwegs.

Fast ein Jahr mussten wir ausharren, bis sich Johannes Kirchgatter, Biologe beim WWF und zuständig für alle Projekte in Afrika, endlich bei mir meldete und sagte: »Christian, du glaubst es nicht, ich schicke dir gleich die Genehmigung für die Umsiedlung und eure Drehgenehmigung.« Ich hatte schon fast damit gerechnet, dass wir die gesamte Produktion stoppen müssen, weil diese Umsiedlung nicht stattfinden konnte. Die war aber der Grund, warum unser Sender uns überhaupt den Auftrag für diese Produktion gegeben hatte. Also saßen wir zwei Monate nach unserem Privattrip schon wieder im Flieger nach Kenia.

Während bei unserem ersten Besuch im Lake-Nakuru-Nationalpark alles noch ein bisschen, sagen wir: »handmade« aussah, wirkte diese Aktion komplett professionell. Fast fünfzig Ranger, Tierärzte, Biologen und Menschen vom staatlichen Kenya Wildlife Service waren vor Ort. Großes Gerät, geländegängige Lkws und ein Hubschrauber standen bereit, um die drei Nashörner einzufangen. Was für ein Aufwand!

Zur Erinnerung: Dieser Aufwand war nur notwendig, weil eine Horde von organisierten Wilderern die Tiere über Jahrzehnte hinweg im Tsavo-Nationalpark abgeschlachtet hatte. Die Zahlen: In Tsavo gab es ursprünglich einmal zwanzigtausend Spitzmaulnashörner. Kurz vor unseren Dreharbeiten gab es eine Zählung, die zu dem Ergebnis kam, dass davon nur vierzehn Exemplare überlebt hatten. Genug Platz gab es also für die Tiere aus dem Lake-Nakuru. Dort hatten sie sich so stark vermehrt, dass sogar schon die Populationshöchstgrenze erreicht war. Daher sollten sie an diesem Tag umziehen und eine neue Population in Tsavo aufbauen helfen.

Trotz all der professionellen Ausrüstung und der vielen Menschen, die an dieser Aktion beteiligt waren, mussten wir sehr schnell feststellen, dass vieles dann doch mit Glück zu tun hatte und manches viel besser vorbereitet aussah, als es dann in der Praxis war. Johannes war der Überzeugung, dass nach ein paar Stunden alle Nashörner in den Kisten und dann – zack, zack – auf dem Weg Richtung Tsavo wären. Weit gefehlt! Die Aktion sollte am Ende den kompletten Tag dauern und uns alle an unsere Grenzen bringen.

Dabei war das Prinzip relativ einfach: Seit ein paar Tagen beobachteten extra dafür abgestellte Ranger die drei Tiere, um die es ging, und wussten daher, wo sie sich ungefähr aufhielten. Nun stieg der Hubschrauber auf und flog den Tieren entgegen. Sobald sie gesichtet wurden, konnte der Tierarzt im Hubschrauber sein Gewehr anlegen und das erste Tier mit einem Betäubungspfeil beschießen. Dieses würde dann, so der Plan, in einem nahe gelegenen Busch oder auf freier Fläche einschlafen, anschließend würden die geländegängigen Fahrzeuge dorthin fahren, und man würde sich um die Versorgung und das Verbringen in eine Kiste kümmern.

»Alles nicht so einfach«, kommentierte Frank trocken, nachdem beim ersten Nashorn gleich zwei Schüsse danebengingen. Wir standen wartend in unserer Fahrzeugkolonne, die aus mindestens zwölf Jeeps und drei großen Lkws bestand, auf denen bereits die riesigen Kisten für den Nashorntransport festgezurrt waren. Dann endlich kam die Nachricht über Funk: Das erste Tier war betäubt. Alle Menschen, die sich vorher noch nett über ihre Kulturen ausgetauscht hatten – einige der Ranger hatten Deutschland zu Fortbildungszwecken besucht –, sprangen nun wie von der Tarantel gestochen in ihre Fahrzeuge und starteten die Motoren.

Akele war das erste Nashorn, das betäubt wurde.

Mit einer Geschwindigkeit, die wir alle nicht für möglich gehalten hatten, rasten wir über die Sandpisten. Brachial ging es weiter, über Baumstämme, durch Wälder, quer durch die Savanne, bis wir endlich in die Nähe des ersten Nashorns kamen. Später im Flugzeug stellten wir fest, dass wir uns bei dieser Tortur alle blaue Flecken und Kratzer eingehandelt hatten. Denn all die Jeeps, die hier unterwegs waren, waren an den Seiten offen, und so schlugen die dornenbewehrten Äste der Savannenbüsche immer wieder quer durchs Auto. Wir lagen teilweise auf dem Fußboden und beteten, dass das Ganze möglichst schnell ein Ende haben würde.

In der Vorbesprechung hatte es geheißen, sobald das Tier liege, würden einige Ranger, die sich damit auskannten, nah an das Tier herangehen, überprüfen, ob die Betäubung auch wirklich vollständig war, gegebenenfalls nachbetäuben und dann alle anderen rufen. Das Kamerateam und die anderen Leute aus Europa sollten bitte schön weit wegbleiben, damit in Ruhe gearbeitet werden könne. Doch wie so oft wurde diese Regel nicht lange aufrechterhalten. Nach kurzer Zeit hieß es: »Ach, ihr steht ja eh nur rum, dann könnt ihr ja auch das Tier mit Wasser beträufeln, damit es nicht so überhitzt.« Und ehe wir es uns versahen, waren Matthias und Frank mittendrin im Gewühl. Sie standen direkt am Nashorn und mussten es regelmäßig mit kühlem Wasser überschütten, um die Körpertemperatur auf einem normalen Level zu halten, während vorne und hinten Tierärzte Proben nahmen, kleine Wunden versorgten und vor allem einen Sender in das Horn des Nashorns einsetzten. Dieser sollte in Zukunft dafür sorgen, das Tier in seiner neuen Heimat immer leicht per Funk aufspüren zu können.

Das Tier schnaubte – und jagte uns damit einen Schrecken ein, weil wir Angst hatten, es könnte aufwachen. Doch alle anderen blieben ruhig, und so passten wir uns an. Frank wie immer mit seinem Lieblingssatz: »Matthias, ich stehe dann hinter dir.«

Gerade hatten wir uns an die Situation gewöhnt, ging es auch schon an die Wiederaufwachphase. Ein Tierarzt gab ein Signal, dass nun das sogenannte Antidot gespritzt würde. Dies ist der heikelste Moment bei so einer Umsiedlung, und das merkten wir auch relativ schnell. Der Plan war nämlich folgender: Das Nashorn würde aufwachen, und man würde versuchen, sobald es ein bisschen kippelig auf den Beinen stand, es mit einer Reihe von großen Seilen in die Kiste hineinzuziehen. Der Ranger neben mir sagte: »Sei vorsichtig! Es wird ›not amused‹ sein, sobald es aufwacht.« Und so war es dann auch.

Keine zwei Minuten nachdem die Spritze gegeben war, merkte man, dass das Nashorn wieder schneller atmete und kurz danach versuchte, sich aufzuraffen. Frank zog sich vorsichtig zurück und hielt etwas Abstand. Das war auch gut so, denn das, was jetzt passierte, war wirklich gefährlich. Nach einem Klaps auf den Hintern, den einer der Tierärzte dem Koloss verpasste, sprang das Tier plötzlich auf und hätte nun eigentlich nur geradeaus in die vor ihm stehende Box laufen sollen. Doch es wollte sich stattdessen unter Einsatz seiner gut tausend Kilogramm Lebendgewicht seitlich an der dunklen Transportkiste vorbeidrücken. Etwa dreißig kenianische Helfer versuchten, mithilfe von Seilen und mit bloßen Händen das Tier in die richtige Richtung zu zerren. Auch Matthias und Johannes halfen nach Kräften mit. Mit Erfolg – das Tier war kurz darauf in der Kiste. Wir lagen uns in den Armen. Uff, so einen Adrenalinausstoß hatte es noch nicht gegeben auf unseren Reisen.

In den Stunden danach vollführten wir das Ganze noch zweimal. Johannes meinte: »Jetzt sind wir aber schon ganz schön routiniert.« Dabei wurden wir eher nachlässiger. Letztlich dauerte das Ganze so lange, dass wir den Flieger, den wir gechartert hatten, um nach Tsavo zu fliegen (wir wollten vor den Nashörnern dort ankommen, um ihre Ankunft filmen zu können), fast verpasst hätten. Auch das klappte mit letzter Kraft.

»Unsere« Nashörner namens Akele, Ondara und Lesiyambe brauchten für die Strecke natürlich viel länger. Sie fuhren die ganze Nacht hindurch, etwa sechzehn Stunden, bis sie in Tsavo ankamen. 22 000 Quadratkilometer ist dieser Nationalpark groß, also etwas größer als Rheinland-Pfalz. Berühmt ist er für seine Elefanten, etwa zwölftausend soll es hier noch geben. Aber wir entdeckten auch Giraffen, Zebras, Flusspferde und ganz viele andere Tiere. Mitten in diesem afrikanischen Paradies war ein Hochsicherheitstrakt für die neuen Nashörner gebaut worden. Dieser war ungefähr hundert Quadratkilometer groß, und an seinen Ecken standen hohe Aussichtstürme, auf denen bewaffnete Ranger saßen. Hier sollte nichts dem Zufall überlassen werden – und kein Tier, kurz nachdem es umgesiedelt worden war, erneut Wilderern zum Opfer fallen. Dafür hatte der Kenya Wildlife Service zumindest alles vorbereitet und außerdem hundert Ranger extra dafür eingestellt, dieses Gebiet zu beschützen.

Zusammen mit Johannes Kirchgatter mussten wir die betäubten Nashörner mit Wasser kühlen.

Am nächsten Morgen freuten wir uns wie die kleinen Kinder. Die Nashörner waren zwei Stunden zu spät, weil es eine Reifenpanne gegeben hatte, aber – das hatten wir über Funk schon vorab erfahren – sie waren alle wohlauf. Die Nashörner kamen in sogenannte Bomas, das sind kleine Gehege, in denen die Tiere die ersten ein, zwei oder drei Tage unter Beobachtung verbringen sollten, bevor sie dann endgültig in den Park entlassen wurden.

Am Abend kam dann plötzlich die Nachricht, die Tiere seien wohlauf und man habe entschieden, sie bereits am nächsten Morgen auszuwildern. Wir freuten uns also gleich noch einmal. Vor allem Frank war total glücklich, dass es keine weiteren Verzögerungen mehr geben würde und dass er miterleben dürfe, wie die Tiere raus in die Savanne laufen würden – bis er hörte, welche Uhrzeit mit »morgens« gemeint war: Die Ranger vom Kenya Wildlife Service sprachen von drei Uhr morgens!

Entsprechend übermüdet kamen wir alle vor Ort an und erlebten zunächst einmal: nichts. Es wurden Ansprachen gehalten, immer wieder wurden Pläne gemacht und wieder verworfen und dann darüber diskutiert, wie es denn am besten wäre, die Tiere auszuwildern. Unser Kameramann war um jede Minute froh, denn eigentlich war es zum Drehen noch viel zu dunkel.

So gegen fünf war es dann so weit, und das erste Tier durfte raus. Ondaras Auswilderung war insofern etwas ganz Besonderes – weil niemand sie sehen konnte. Man hörte nur in der Dunkelheit ein lautes Schnauben und ein paar Schritte, und wenn man genau hinguckte, erahnte man ein bisschen aufgewirbelten Staub. Ansonsten hatte niemand ge-

Lesiyambe auf dem Weg in die Freiheit – unter dem Verband am Horn ist ein Sender eingebaut.

sehen, wie das Tier aus seinem Boma raus in die Freiheit gelaufen war. Alle Lichter sollten auf Geheiß der Tierärzte ausgeschaltet bleiben und blieben es auch. Diese Vorgabe wurde dann für die zweite Auswilderung geändert. Aber nicht wegen unserer Aufnahmen, es war den Verantwortlichen einfach zu unsicher, nicht zu sehen, wohin das Nashorn lief. Es hätte ja auch jemanden angreifen können. Also bekamen auch wir im wahrsten Sinne des Wortes etwas zu sehen (und zu filmen), als es um die Auswilderung von Akele ging.

Wir standen gesichert auf einem Lkw und konnten beobachten, wie sie mit Schwung aus ihrem Gehege und in die Freiheit lief. Die Auswilderung von Lesiyambe fand dann schon bei vollem Tageslicht statt. Und Lesiyambe hielt sich ans Drehbuch – wenn's denn eines gegeben hätte. Sie war die Einzige, die völlig entspannt und ruhig aus ihrem Boma trabte und ganz langsam in die Savanne lief. Es waren wunderschöne Bilder, und wir waren einfach nur glücklich, diese Tiere hier zu sehen. In einem Gebiet, in dem fast zwanzigtausend ihrer Artgenossen über Jahre hinweg von Wilderern auf bestialische Art und Weise abgeschlachtet worden waren, gehörten diese drei Tiere zu den ersten Spitzmaulnashörnern, die wieder zurückkamen.

Fast schon beschwingt fuhren wir zum Flughafen, um zurück nach Deutschland zu fliegen. Doch dort erreichten uns erste WhatsApps, die uns stutzig machten. Es gab Sorge um die Gesundheit der Tiere. Sie würden schlapp wirken. Am nächsten Morgen rief uns Johannes an und sagte, es sei etwas Fürchterliches passiert. Wir saßen noch zusammen, und ich muss die Augen so stark aufgerissen haben, dass Matthias und Frank sofort fragten, was denn los sei. Ich stellte auf laut, damit alle mithören konnten: Alle drei Nashörner waren gestorben. Es war furchtbar!

Was hatten wir für einen Aufwand betrieben? Wie viele Menschen waren an dieser Umsiedlung beteiligt gewesen? Wie viele hatten ihr Leben riskiert, um die Tiere in den Tsavo-Nationalpark zu bringen? Und nun waren die Nashörner, die eine Kerngruppe für eine neue Population im Süden Kenias bilden sollten, tot. Die genauen Umstände konnten damals nicht sofort geklärt werden. Ein Gutachten sprach später von einem Aufeinandertreffen mehrerer Faktoren, die zum Tod führten (siehe Interview mit Johannes Kirchgatter). Das Tragische: In den Jahren davor wurden in Kenia hundertfünfzig Nashörner umgesiedelt.

Davon starben nur 5 Prozent. In unserem Fall starben alle. Wir waren fassungslos.

Ein herber Rückschlag für die Artenschutzbemühungen in Kenia, der dazu führte, dass zunächst gar keine Umsiedlungen von Nashörnern mehr genehmigt wurden. Eine Tragödie, die zeigte, wie schwierig es ist, Tiere, die einmal ausgerottet wurden, wieder zurückzubringen. Frank brachte es in unserem Film auf den Punkt: »Wir müssen alles dafür tun, dass es erst gar nicht so weit kommt.«

Frank Elstner & Johannes Kirchgatter

Frank Elstner:

Lieber Johannes, es ist jetzt einige Jahre her, dass wir zusammen in Kenia waren, um Nashörner zu retten. Wie ist die Situation der Nashörner in Afrika heute?

Johannes Kirchgatter:

In Kenia ist die Entwicklung der Spitzmaulnashorn-Population insgesamt tatsächlich gut – die Wilderei auf Nashörner ist dort fast vollständig gestoppt, und die Zahl der Nashörner wächst wieder stetig, wenn auch ausgehend von einem sehr niedrigen Niveau. Leider findet dieser Zuwachs fast ausschließlich in den kleinen, gut geschützten Nashornreservaten statt, die teils sogar überfüllt sind. Von dort müssen wir dringend wieder in die großen, aber »leer gewilderten« Schutzgebiete umsiedeln. Obwohl in Kenia insgesamt ja etwa hundertfünfzig Nashörner erfolgreich umgesiedelt wurden, ist die Regierung nach dem tragischen Tod der Tiere bei unserer Umsiedlung begreiflicherweise hier noch sehr zurückhaltend. In anderen afrikanischen Ländern, vor allem im südlichen Afrika, ist der Wildereidruck aber nach wie vor sehr hoch, wenn auch die Wildereizahlen dank großer Anstrengungen endlich zurückgehen.

Wer sind die Hintermänner dieses illegalen Geschäfts?

Wilderei und illegaler Handel mit Wildtieren ist ein riesiges globales Problem, in der Dimension und seinen Auswirkungen vergleichbar mit dem Drogenhandel. Und genauso funktioniert er auch – mit Korruption und Gewalt und einem globalen Netzwerk an Profiteuren, bis hinauf in hohe Regierungsstellen. Doch Kenia ist im Kampf dagegen ziemlich vorbildlich, in anderen Ländern, derzeit vor allem im südlichen Afrika, ist es viel schwieriger.

Wie bist du eigentlich zum hauptberuflichen Artenschützer geworden?

Ich wollte tatsächlich schon als kleiner Junge Natur- und Artenschutz in Afrika machen, spätestens nachdem ich Bernhard Grzimeks berühmten Film »Serengeti darf nicht sterben« gesehen hatte ... Da habe ich dann ganz klassisch angefangen, in der Nabu-Jugend Amphibienteiche zu bauen und Kröten über die Straße zu tragen. Im Biologie- und Geografiestudium war ich dann das erste Mal in Afrika und danach in vielen Projekten auf der ganzen Welt – aber Afrika hat mich seit meiner Kindheit nicht mehr losgelassen!

Wir waren in Kenia auch bei Sudan, dem letzten männlichen Nördlichen Breitmaulnashorn der Erde, der ja inzwischen starb. Wie weit sind die Versuche gediehen, diese Unterart künstlich wieder »auferstehen« zu lassen – und was denkst du über diese Maßnahmen?

Das ist ja wissenschaftlich und praktisch wirkliches Neuland, mit Leihmüttern einer nahe verwandten Unterart und künstlicher Befruchtung eine Art, von der es nur noch zwei nicht mehr fortpflanzungsfähige Weibchen und eingefrorene Ei- und Samenzellen gibt, vor dem endgültigen Aussterben zu bewahren. Das Berliner Leibniz-Institut für Zoo- und Wildtierforschung (IZW) macht da fantastische Arbeit und kommt gut voran, aber es ist trotzdem noch ein sehr weiter und unsicherer Weg. Dennoch: Ich bin überzeugt, dass sich jeder Aufwand lohnt, eine Art zu retten! Allerdings gibt es so viele Arten, die kurz vor dem Aussterben stehen – aber nur begrenzte Mittel, sie zu retten. Es kommt mir oft vor, als stünden wir vor einer riesigen brennenden Bibliothek mit lauter einzigartigen originalen Handschriften, und wir Arten- und Naturschützer versuchen verzweifelt, zu löschen oder Bücher hinauszutragen. Deshalb müssen wir bei bedrohten Arten vor allem rechtzeitig eingreifen – nicht erst, wenn es fast zu spät ist und es viel, viel aufwendiger ist, eine Art noch zu retten, was dann oft auch nicht klappt.

Ich war ja bei unserer Keniareise mit dir beeindruckt und schockiert zugleich, welcher Aufwand betrieben wurde, um Nashörner zurück in Gebiete zu bringen, in denen sie zuvor ausgerottet wurden. Wie lange, glaubst du, wird man das noch so betreiben müssen?

Das wird im Falle Kenias sicher noch einige Jahre dauern, da wir in den großen verbliebenen Lebensräumen wie dem Tsavo-Nationalpark noch keine ausreichend großen, genetisch vielfältigen und dauerhaft überlebensfähigen »Gründerpopulationen« haben. In anderen Ländern ist das schon erreicht, dann nimmt auch der Aufwand stark ab. Solange allerdings die Wilderei virulent bleibt, ist der Schutz solcher Populationen noch sehr aufwendig …

Wir haben nach unseren Dreharbeiten ja die grausige Nachricht bekommen, dass alle Nashörner, die wir bei der Umsiedlung begleitet hatten, später gestorben sind. Weißt du inzwischen, was da genau passiert ist?

Es war wirklich eine Tragödie, die alle Beteiligten genau untersuchen wollten, damit sie sich nicht wiederholt. Es gab eine groß angelegte Untersuchung unter Leitung der staatlichen Naturschutzbehörde KWS, die ja auch die Umsiedlung mit unserer Unterstützung durchgeführt hatte, dazu externe, unabhängige Experten. Das Ergebnis zeigt, dass die Tiere vor allem das für sie ungewohnt salzhaltige Wasser, welches einheimische Tiere vor Ort problemlos trinken, im neuen Lebensraum nicht vertragen haben. Dieser Hauptfaktor, kombiniert mit dem unvermeidlichen Stress bei der Umsiedlung sowie dem trockenen und heißen Lebensraum, hat die Tiere dann, verstärkt durch bakterielle Infektionen, so schnell dahingerafft, dass die Tierärzte sie nicht mehr retten konnten.

Kenia hat mich wirklich gepackt – ich war mit meiner Frau, Christian Ehrlich und Freunden ja auch noch mal privat dort. Was begeistert dich an diesem Land?

Es ist einfach wunderschön und hat »en miniature« praktisch alles, was Afrika für mich ausmacht: wunderbare Landschaften von Savanne über Bergregenwälder bis Hochgebirge, großartige Menschen, eine unglaublich reiche und vielfältige Kultur – und natürlich all die Tierarten, die mich so begeistern!

Was, glaubst du, sind die wichtigsten Artenschutzziele für Afrika in den kommenden Jahrzehnten – und wie können wir in Europa dazu beitragen?

Wie überall auf der Welt müssen wir neben all den anderen Problemen nun die Auswirkungen des Klimawandels in den Griff bekommen, was nur gelingen kann, wenn der Klimaschutz den Temperaturanstieg auf unter 2° begrenzen kann! Dann müssen wir vor allem ausreichend große Lebensräume bewahren und diese so vernetzen und verbinden, dass überlebensfähige, also ausreichend große Populationen darin überleben können. Dazu können wir Europäer sehr viel beitragen – zuerst einmal unsere CO_2-Emissionen massiv senken und anderen dabei helfen. Und wir müssen all die Arten dieses Planeten als unser gemeinsames, unverzichtbares Welterbe begreifen und auch gemeinsam mit allen Mitteln und mit weltweiten Strategien schützen!

Ich danke dir wirklich von Herzen für deine Arbeit!

DEUTSCHLAND UND EUROPA

Von Bären, Wölfen – und Waldrappen

Von Christian Ehrlich

In der Auffangstation in Domazhyr nahe Lwiw können gerettete Bären das erste mal in ihrem Leben baden.

Es war 2019 in der Nähe von Lwiw, wo wir unseren ganz persönlichen »Problembären« trafen. Eine weit abgelegene sogenannte Jagdstation, quasi ein Basislager für die Jäger der Region, war unser Ziel. Zusammen mit den Tierschützern von Vier Pfoten, der weltweit tätigen Tierschutzorganisation aus Wien, verfolgten wir eine große Mission in der Ukraine, die zu diesem Zeitpunkt zwar einen Bürgerkrieg im Osten zu verkraften hatte, aber noch nicht von Putin überfallen worden war.

Die hiesigen Jäger hielten hinter ihrer notdürftig zusammengezimmerten Bretterbude mitten im Wald einen Braunbären, den sie »Tyson« getauft hatten. Siebzehn Jahre zuvor hatten sie Tysons Mutter erschossen und ihn als Baby in diesen Käfig gesteckt. Käfig war fast schon übertrieben, eigentlich handelte es sich um einen Unterstand aus Brettern, dessen offene Seiten mit rostigen Ar-

17 Jahre musste Braunbär Tyson in dem rostigen Käfig leben – bis zu seiner Rettung.

mierstahlmatten, wie man sie für den Bau von Betonplatten benutzt, geschlossen waren. Hier drin war Tyson seit seiner Kindheit eingesperrt – auf nicht einmal dreißig Quadratmetern. Später erfuhren wir, dass der Käfig seit fünf oder sechs Jahren nicht mehr ausgemistet wurde, weil sich keiner der Jäger in das Gehege traute. Diese fürchterliche Art der Haltung wurde in der Ukraine und vielen anderen osteuropäischen Ländern in den letzten Jahrzehnten Hunderte Male entdeckt. Doch wozu dienten die Bären?

Die Antwort ist so einfach wie grausam: An ihnen werden Jagdhunde ausgebildet – eine schreckliche Tortur, die diese Bären über Jahrzehnte hinweg zu erleiden haben. Die Tiere leben in den engen Käfigen, werden teilweise nur mit trockenem Brot und Wasser gefüttert und dann ein- oder zweimal in der Woche an einen Baum gekettet, um die Jagdhunde, die sich gerade in Ausbildung befinden, auf sie zu hetzen. Die Hunde, die es schaffen, einen Bären zur Räson zu bringen, ihn zu beißen, ihn zu schnappen, werden danach für die Jagd eingesetzt – die anderen in der Regel erschossen.

Aus diesem Martyrium wollten die Tierschützer von Vier Pfoten Tyson nun befreien. Das Gesetz war in diesem Fall aufseiten der Tierschützer. Denn eine derartige Haltung von Bären war auch in der Ukraine bereits verboten. Nichtsdestotrotz wollten die Jäger auf der Station »ihren« Tyson nicht hergeben und behaupteten sogar, zu diesem illegalen Training sei es nie gekommen. Frank lachte laut. Er, genau wie alle anderen, glaubte nicht an diese faule Ausrede. Warum sollten Jäger einen Bären denn sonst in seinem eigenen Dreck gefangen halten und ihm ausgerechnet einen Kämpfernamen wie »Tyson« geben?

So standen wir also mit etwa zehn Tierschützern, einigen Mitarbeitern der Bären-Auffangstation in Domazhyr sowie nach einiger Zeit auch einem örtlichen TV-Sender vor der Tür der Jagdstation, in die man uns nun nicht hineinließ. Die Jäger wollten Tyson partout behalten. Vielleicht ging es auch einfach nur darum, uns davon abzuhalten, das Gelände zu betreten. Die Diskussionen wurden immer lauter, immer heftiger schrien sich Tierschützer und Jäger an. Die Situation drohte zu eskalieren. Frank kam zu mir und machte mit einer Handbewegung klar, dass er sich nicht wohlfühlte in dieser aggressiven, aufgehitzten Situation. So ging es uns allen. Längst hatten wir die Kamera auf den Boden gestellt, um nicht noch zusätzlichen Ärger herbeizuführen.

Doch ich machte mir Sorgen um unseren Film. Wir waren hierhergekommen, um über genau diese Machenschaften, diese Tierquälerei zu berichten. Frank, Matthias und mir war es wichtig, den Menschen in Deutschland zu zeigen, warum wir dafür sorgen müssen, dass solche Zustände aufhören. Und dann tat ich etwas, was ich bis heute bereue. In einem unbeobachteten Moment schnappte ich mir die zweite Kamera, die im Auto lag, ein kleines Gerät, kaum dreißig Zentimeter groß. Ich wartete, bis die Wortgefechte einen erneuten Höhepunkt erreichten, um dann in all diesem Tumult heimlich an den laut streitenden Männern vorbei auf das Gelände der Jagdstation zu gelangen.

Aus heutiger Sicht muss ich sagen: Das war keine gute Idee, und ich bekam völlig zu Recht am Abend eine ordentliche Standpauke von Frank, warum ich mit dieser Aktion denn mein Leben riskiert hätte. Doch in diesem Moment ging es mir nur um den Bären. Ich wollte unbedingt die Bilder liefern, derentwegen wir in die Ukraine gekommen waren. Vermutlich war es einer der brenzligsten Momente, die wir je auf unseren Reisen erlebt haben. Denn schon nach kurzer Zeit fand ich Tyson, und nachdem ich mich vom ersten Schreck über seine Haltungsbedingungen erholt hatte, begann ich mit meinen Aufnahmen. Nach etwa vier oder fünf Minuten bemerkte ich plötzlich zwei Gewehrläufe in meinem Genick. Einer der Jäger hatte mich erwischt. Ich verstand natürlich nicht ein Wort von dem, was er mir nun entgegenschrie, und ließ mich von ihm an der Jacke gezogen aus der Station führen. Gott sei Dank waren seine Kollegen immer noch so damit beschäftigt, sich mit den Tierschützern auseinanderzusetzen, dass sie meine wirklich nicht gut durchdachte Aktion kaum mitbekamen. Mein unfreiwilliger Begleiter mit der Waffe ließ mich ziehen und stellte sich erneut zu seinen Kollegen.

Ich machte mir natürlich trotzdem Sorgen, dass mein Vorgehen noch Folgen haben würde. Doch keine zwei Minuten später, zu unserer großen Überraschung: ein Handschlag und eine Einigung! Bis heute wissen wir nicht, wie genau es dazu gekommen ist. Doch plötzlich hieß es: »Tyson darf gerettet werden, wir dürfen ihn mitnehmen.«

Frank war perplex, aber total glücklich. Er nahm mich in den Arm und sagte: »Christian, wir haben es geschafft.« Bis dahin hatte er das Tier noch gar nicht gesehen. Als er kurz darauf um die Ecke bog und ungefähr dort stehen blieb, wo ich zuvor heimlich gefilmt hatte, verschlug es ihm den Atem. Ich habe Frank selten in einer solchen Verfassung gesehen, und auch Matthias war außer sich. Beide standen blass und völlig entsetzt vor dem Tier hinter den rostigen Gitterstangen. Matthias sagte, das sei die größte Tierquälerei, die er in seinem Leben jemals gesehen hätte.

Es beruhigte uns alle, in den nächsten Minuten beobachten zu können, mit welcher Routine die Tierschützer vorgingen. Kein Wunder: Etwa dreißig weitere Bären hatten sie bereits aus ähnlichen Situationen gerettet. Vom Berliner Leibniz-Institut für Zoo- und Wildtierforschung war Tierarzt Frank Göritz eingeflogen worden, der sich nun mit Tierschützer Carsten Hertwig auf den Weg machte, das Tier zu betäuben. Carsten ist so etwas wie der Bären-Beauftragte von Vier Pfoten. Wir hatten ihn bereits in Deutschland kennengelernt und hier in der Ukraine wiedergetroffen, um bei zwei Bärenrettungen dabei zu sein – bei Tyson und einer Bärin namens Manya. Mit einer Pressluftpistole,

Die Bärin Manya lebte als »Attraktion« in einem Restaurant.

die mit einem Betäubungspfeil geladen war, schossen die beiden mit geübten Handgriffen auf Tyson, der kurz danach einschlief. Nichtsdestotrotz blieb es eine sehr gefährliche Situation, denn sobald das Tier schlief, musste zunächst der Tierarzt rein, um zu überprüfen, ob das Tier auch wirklich so stark betäubt war, dass es sich nicht mehr wehren konnte. Tyson war immerhin ein Raubtier mit etwa zweihundert Kilo Gewicht!

Frank war – wie so oft in solchen Situationen – »zurückhaltend«. Als Carsten das Signal gab, dass sowohl das Kamerateam als auch Frank und Matthias den Käfig betreten konnten, ließ er natürlich seinem Freund den Vortritt …

Frank Elstner & Carsten Hertwig

Frank Elstner:

Die Bärenrettungen von Vier Pfoten mit dir in der Ukraine gehörten zu den emotionalsten Geschichten auf unseren Reisen. Wie geht es Tyson inzwischen?

Carsten Hertwig:

Ihm geht es sehr gut. Tyson hat sich gut erholt und ist glücklich und zufrieden. Er ist vergesellschaftet, hat also eine Partnerin gefunden.

Der schreckliche Krieg Russlands gegen die Ukraine hat vieles verändert – was ist mit eurer Station in Domazhyr und euren Mitarbeitern?

Zum Glück liegt das Rettungszentrum im Westen der Ukraine und war daher bis heute (Dezember 2022) immer noch relativ sicher. Dennoch hat Vier Pfoten für sein Team und die Bären sofort erhöhte Sicherheits- und Vorsichtsmaßnahmen ergriffen. Wichtig ist, dass die Versorgung der Bären und der Mitarbeiter abgesichert ist. Das war zu jeder Zeit gewährleistet.

Wie kann man helfen?

Wir informieren regelmäßig über unsere Website und soziale Medien über unsere Arbeit bei Vier Pfoten in der und für die Ukraine. Hier findet man auch entsprechende Links zur Unterstützung.

Wie ist die aktuelle Tierschutzsituation für Bären in Europa?

Die Situation von schlecht gehaltenen Bären hat sich in Europa auf jeden Fall entspannt. Es gibt noch einige Fälle, vor allem im osteuropäischen Raum und auf dem Balkan, aber wir hoffen, dass wir in den nächsten Jahren diese Tiere auch noch retten können.

Als wir damals Tyson befreiten, wurden wir ja kurzzeitig mit Waffen bedroht – wie gefährlich sind solche Einsätze wirklich?

Eine Situation wie bei Tyson ist zwar nicht die Regel, aber es kam und kommt doch immer wieder vor, dass private Besitzer den Gesetzen und Beschlüssen der Autoritäten nicht folgen wollen und teilweise auch gewalttätig werden oder mit Waffen drohen. Hier müssen wir uns dann zurückziehen und auf die Behörden verlassen, denn natürlich dürfen Mitarbeiter von Vier Pfoten bei Rettungsaktionen nicht unnötig in größere Gefahr gebracht werden.

Hast du manchmal Angst um dich und deine Mitarbeiter?

Bei Kriegsausbruch in der Ukraine habe ich tatsächlich zum ersten Mal ernsthaft um das Leben meiner Mitarbeiter gefürchtet, zumal ich auch einen Kollegen in Kiew stationiert habe. Zum Glück hat sich die Lage derzeit wieder entspannt, und bisher wurde kein Mitarbeiter direkt vom Krieg gesundheitlich geschädigt.
… und wie schafft man es, jahrelang weiterzumachen?
Wir tragen als Tierschutzorganisation nicht nur eine Verantwortung gegenüber Tieren in Not, sondern natürlich auch gegenüber unseren Mitarbeitern vor Ort, die sich unermüdlich für unsere Arbeit einsetzen. Daher stellt sich die Frage für mich nicht, so einfach aufzuhören. Ich möchte weder unsere Mitarbeiter noch die Tiere einfach so im Stich lassen.
Welche Ziele hast du für die nächsten Jahre?
Mein Aufgabenbereich hat sich erweitert, ich bin mittlerweile auch für die Auffangzentren für Löwen und Tiger verantwortlich. Hier gibt es weltweit, aber gerade auch in Europa, noch unglaublich viel zu tun. Es ist unvorstellbar, wie viele Tiger und Löwen privat gehalten werden, zum Beispiel einfach als Haustiere. Das ist eine wirklich sehr große Herausforderung.
Danke, Carsten, ich finde deinen Einsatz wirklich großartig. Mach weiter so!

Keine zwei Stunden später lag Tyson, langsam die Augen öffnend, in einer Transportkiste auf einem Lkw. Mehrere Untersuchungen hatte er über sich ergehen lassen müssen, während er schlief. Das Ergebnis: Seine Zähne waren in fürchterlich schlechtem Zustand, wahrscheinlich weil er immer wieder versucht hatte, an den rostigen Gitterstäben zu nagen, um sich aus der misslichen Lage der Gefangenschaft zu befreien. Außerdem waren einige innere Organe nicht vernünftig ausgebildet, was vermutlich an der Mangelernährung lag. Aber, und das überraschte uns, Frank Göritz erklärte, dass es gar nicht so schlecht um den Bären stehe und er gute Chancen habe, innerhalb kürzester Zeit zu regenerieren und im Idealfall ein ganz normales Bärenleben in der Auffangstation führen zu können. Das machte uns Mut.

Kurze Zeit später erreichten wir besagte Auffangstation in Domazhyr, die mithilfe von Vier Pfoten hier erst kurz vorher neu errichtet worden war. Es handelte sich um vier Eingewöhnungsgehege, jedes etwa halb so groß wie ein Fußballfeld, und einen riesigen eingezäunten Wald, in dem die Tiere nach ihrer Eingewöhnung in eine »Nahezu-Freiheit« entlassen werden sollten.

Bei der Rettung von Tyson mussten alle mit anpacken.

Das Problem ist überall auf der Welt das gleiche. Es gibt kaum Projekte, in denen Braunbären wieder »richtig ausgewildert« werden. Zu groß sind in allen Ländern, in denen Bären vorkommen, die Vorbehalte in der Bevölkerung, um das durchzusetzen. So bleibt nur diese eine Möglichkeit: eine Art »Gnadenhof für Bären«. Das bedeutet jedoch, dass die Tiere kastriert und an ein Leben im eingezäunten Wald gewöhnt werden und hier den Rest ihres Lebens verbringen. Eine richtige Freiheit werden diese Tiere also nicht mehr erleben, dennoch ist all dies viel, viel besser als das, was die armen Bären in ihrem Leben zuvor mitmachen mussten.

Natürlich kam Tyson das in diesem Moment noch überhaupt nicht so vor. Er wachte auf in einer Kiste, die deutlich wackelte, weil acht erwachsene Menschen ihn gerade in eines der Gehege trugen. Misstrauisch beäugte er nun einen Ort, der ihm vollkommen fremd vorkommen musste. Ein Ort, an dem die Sonne schien, die er jahrelang nicht mehr gesehen hatte in seinem Bretterverschlag. Ein Ort, an dem auf dem Boden Gras wuchs. All das kannte Tyson nicht, und das merkte man. Er verließ seine Kiste nur widerwillig, und in den nächsten Tagen nutzte er höchstens dreißig, vielleicht vierzig Quadratmeter rund um den Ort, wo man ihn herausgelassen hatte. Er war es nicht gewohnt, längere Strecken zu gehen, weil das in seinem vorigen Leben nicht möglich gewesen war. Schrecklich, wenn man sich das vorstellt!

Trotz dieser kleinen Eingewöhnungsprobleme lagen wir uns in den Armen vor Freude. Einen großen Bären von gut zweihundert Kilo zu beobachten, wie er ganz vorsichtig zum ersten Mal in seinem Leben auf Grashalme trat und erschrak, weil sie an seinen Füßen kitzelten, verschlug Frank die Sprache. Er war richtig gerührt. Die Wut, die er kurz zuvor noch in der Jagdstation empfunden hatte, hatte sich komplett gedreht. Frank fühlte überschwängliche Freude, klopfte Carsten herzlich auf die Schulter und bedankte sich mehrfach dafür, an diesem besonderen Tag dabei gewesen sein zu können.

Auch in den Jahren nach unserer Reise informierten wir uns immer wieder, wie es Tyson ging. Es dauerte relativ lange, bis er sich an ein Leben unter freiem Himmel gewöhnt hatte. Erst nach zwei Jahren konnte er in den eingezäunten Wald umziehen, baute dort aber relativ schnell seine eigene Höhle, um darin zu überwintern. Er hatte also natürliche Verhaltensweisen, wie die des Höhlenbauens, nicht komplett verloren und lebte seither zusammen mit den anderen Bären der Station ein relativ friedliches Leben.

Doch dann kam der Krieg! Auch im westukrainischen Lwiw war der Frieden vorbei. Kurz nach Putins Überfall auf die Ukraine musste

Reinschmidts Tierfakten

Ohne Winterruhe keine Braunbären

Braunbären wird oft nachgesagt, dass sie einen Winterschlaf halten, dies ist aber nicht ganz richtig, denn sie begeben sich nur in eine Winterruhe. Dabei wird die Körpertemperatur, die üblicherweise zwischen 36,5° und 38,5° Celsius liegt, im Gegensatz zum Winterschlaf nur geringfügig um vier bis fünf Grad herabgesenkt. Die meisten Bären starten mit der Winterruhe im Herbst auch erst, wenn sie sich genügend Fettreserven angefressen haben. Die Ruhezeit hängt natürlich auch vom Verbreitungsgebiet ab, denn in kälteren Regionen dauert sie länger als in wärmeren, wo sie sogar ganz ausfallen kann.

Die Weibchen verlieren in der Winterruhe oft bis zu 40 Prozent ihres Körpergewichts, während der Gewichtsverlust bei den Männchen meist nur die Hälfte davon beträgt. Dies hängt damit zusammen, dass die Weibchen durch die Trag- und Säugezeit der Jungtiere einen höheren Energieaufwand haben. Wird der Gewichtsverlust zu groß, wachen die Bären auch mitten im Winter auf und gehen auf Futtersuche. Trotz der Winterruhe kann man sich in Bärengebieten also auch im Winter nie ganz sicher sein, nicht doch einem Bären zu begegnen. Dies belegen auch die Spuren im Schnee, die ich selbst einmal in der winterlichen Slowakei entdecken konnte.

die Auffangstation in Domazhyr plötzlich sieben weitere Bären aufnehmen, die in Kiew unter Beschuss geraten waren. Auch diese Tiere stammten von Rettungen aus illegaler Haltung. Einige der Tiere wurden inzwischen nach Deutschland weitertransportiert, um hier in Auffangstationen ein neues Leben zu beginnen. Während wir dieses Buch schreiben, ist die Situation in der Ukraine noch immer nicht befriedet. Nichtsdestotrotz konnte die Arbeit in der Auffangstation in Domazhyr nahe Lwiw bisher fortgesetzt werden. Doch Tierschutz ist in Kriegszeiten ein wirklich schwieriges Thema, und die Mitarbeiter der Station haben mannigfaltige Probleme, um das Leben der Bären weiterhin so gut wie möglich zu gestalten. Ein doppelt bemerkenswerter Einsatz für die Tiere!

Dass es auch in Europa Tier- und Artenschutzprobleme gibt, verlieren wir sehr häufig aus dem Blick. Wir neigen dazu, bei diesen Themen an Nashörner, Elefanten, Koalas oder andere Tiere weit weg auf anderen Kontinenten zu denken. Doch in Europa sind die Probleme des Artenschutzes mindestens genauso groß wie beispielsweise in den Tropen, nur haben wir verlernt, sie zu sehen, weil sie Alltag sind. In den letzten Jahren sind wir daher einmal quer durch Europa gereist. Wir drehten nicht nur mit den Braunbären in der Ukraine, sondern auch mit Gänsegeiern, die in Bulgarien zurück in die Freiheit gesetzt wurden, besuchten mehrere große Artenschutzprojekte für Wölfe, Luchse, Robben und viele andere Tiere in Deutschland und nutzten unsere nächste Reise, um die Artenschutzsituation in Spanien und Portugal zu beleuchten. Eines wurde uns auf all diesen Reisen klar, und Frank hat es einmal ganz toll gesagt: »Es ist erstaunlich, was für tolle, bemerkenswerte Tiere wir auch in Europa haben, und die haben den Schutz genauso verdient wie überall sonst auf der Welt.«

Noch etwas merkten wir: Die Vorbehalte in der Bevölkerung gegenüber wilden Tieren sind überall gleich. Wenn Menschen in Afrika oder Asien Elefanten von ihren Feldern vertreiben, sie sogar beschießen, dann verurteilen wir das in Europa sehr scharf. Gleichzeitig gibt es eine große Front gegen die Rückkehr der Wölfe. Ganz zu schweigen davon, was passierte, als 2006 der »Problembär Bruno« als erster Braunbär seit über 170 Jahren zurück nach Deutschland kam und letztlich erschossen wurde. Woran liegt das? Ich glaube, es liegt daran, dass die Menschen sich im Laufe der letzten Generationen nach und nach zu weit von der Natur entfernt haben. Wir sind es einfach nicht mehr gewohnt, dass es Raubtiere in unseren Wäldern gibt. Und ganz ehrlich, wir sind mit dieser Situation ja auch ganz gut gefahren in den letzten Jahrzehnten, es war bequem. Allerdings haben wir, ohne es vielleicht selbst zu merken, das Gleichgewicht der Natur völlig durcheinandergebracht. In Europa gibt es quasi keine Urwälder mehr, in denen die Natur genauso ist wie vor Beginn der Zivilisationsgeschichte des Menschen. Und so müssen in allen europäischen Ländern Artenschützer dafür kämpfen, dass die Tiere einen Platz finden in dieser übermäßig menschengeprägten Welt.

In den letzten Jahren ist die Zahl der Projekte, die sich um die Wiederansiedlung und den Schutz wild lebender Tiere in Europa kümmern, Gott sei Dank gestiegen. Ein ganz besonderes ist die Wiederansiedlung der Waldrappen. Das ist so eine Tierart, die man eigentlich nie auf dem Schirm hat. Als wir die Station der Biologen, die sich mit der Wieder-

Vor 350 Jahren ausgestorben, jetzt wieder im Anflug: die Waldrappen. [15]

ansiedlung dieser Ibisse in der Nähe des Bodensees beschäftigten, ankamen, war Franks erster Satz: »Meine Güte, sind die Vögel hässlich.«

Matthias war natürlich entsetzt. Er erklärte Frank sofort und ausführlich, warum es sich um ganz besondere, tolle Vögel handelte. Damit hatte er natürlich recht. Die Optik dieser Tiere ist zwar schon etwas »gewöhnungsbedürftig«: Ein krummer, langer Schnabel, ein leicht kahler Kopf, auf dessen Rückseite einige Federn wild durcheinanderstehen, kennzeichnen diesen Vogel, der vor allem auf Wiesen herumläuft und nach Futter stochert. Vor 350 Jahren fiel der letzte Waldrapp nördlich der Alpen der Jagd zum Opfer. Seither galt die Art in Deutschland offiziell als ausgestorben – bis die Biologen um Johannes Fritz das Waldrapp-Projekt gründeten. Denn es gab noch Waldrappe in mehreren europäischen Zoos, und sie vermehrten sich dort sogar. Für die Biologen war es ein steiniger Weg, Behörden davon zu überzeugen, dass man mit diesen nachgezüchteten Vögeln ein Wiederansiedlungsprojekt starten sollte. Dazu muss man wissen, dass Waldrappe Zugvögel sind. Sie kommen zur Kükenaufzucht in Regionen nördlich der Alpen, wo sie in Höhlen an Steinwänden brüten. Den Winter verbringen sie dagegen in Südeuropa, in unserem Fall in der Toskana. Vor ein paar Hundert Jahren flogen noch Tausende Waldrappe die Strecke jährlich einmal hin und einmal zurück.

Doch wie sollte man eine Tierart mit einem solchen Wanderverhalten erfolgreich wiederansiedeln? Wie sollte man den Tieren beibringen, dass sie im Herbst ihren Platz dort, wo sie aufgezogen worden waren, verlassen mussten, um in den Süden zu fliegen? In Nordeuropa hätten sie keine Chance, sich über den Winter mit ausreichend Futter zu versorgen. Welche Antwort Johannes Fritz dafür gefunden hatte, wurde uns sofort klar, als wir das Camp am Bodensee besuchten. In kleinen Volieren saßen einunddreißig Waldrappe, die gerade von zwei Studentinnen gefüttert wurden. Direkt daneben stand ein Ultraleichtflugzeug, das Johannes immer nur »das Gerät« nannte.

Wir erreichten dieses spartanisch ausgerüstete Basislager – alle hier arbeitenden Menschen übernachteten in Wohnmobilen und Wohnwagen – am Tag des letzten Trainingsflugs. Die Biologen hatten tatsächlich etwas Unglaubliches zustande gebracht. Sie hatten die kleinen Küken auf die beiden Studentinnen Corinna und Anne geprägt. Das bedeutet, die Vögel hielten Corinna und Anne für ihre leiblichen Mütter.

Mit einem Fluggerät wird den Waldrappen der Zugweg über die Alpen gezeigt.

Eine solche Prägung ist bei Vögeln weitverbreitet und extrem fest. Sobald die beiden Ziehmütter »Waldis, Waldis, komm, komm!« riefen, kamen alle Küken zu ihnen gerannt. Dieses Verhalten nutzten die Biologen nun, um den Vögeln den Flug über die Alpen beizubringen. Es hört sich etwas schräg an und hat auch mehrere Jahre gedauert, bis ein perfektes System entwickelt werden konnte, aber es war einleuchtend: Die beiden Studentinnen saßen nun in jeweils einem Ultraleichtflugzeug hinter ihrem Piloten und schrien immer wieder den Lockruf für ihre Küken: »Waldis, Waldis, komm, komm!« –, und die Vögel folgten ihnen bis über die Alpen.

Frank war begeistert von dieser Vorstellung, hatte allerdings wie so oft Zweifel, ob das auch wirklich funktionieren würde. Die Biologen hatten dies in den Jahren zuvor allerdings schon bewiesen und konnten Frank daher mit breiten Schultern erklären, dass dies absolut sicher funktionieren würde. Zwar kamen nicht alle Waldrappe in der Toskana an, meistens gingen ein oder zwei Tiere verloren, aber die meisten. Und tatsächlich gab es bereits Vögel, die daraufhin im nächsten Jahr wieder zurück an den Bodensee kamen.

Schon Wochen vor diesem Drehtag mit dem Ultraleichtflugzeug hatte ich in unsere interne WhatsApp-Gruppe geschrieben, dass einer von beiden, Matthias oder Frank, an diesem Tag mit »dem Gerät« und den Vögeln fliegen müsste. Schon da hatte es große Diskussionen zwischen den beiden gegeben. Matthias hatte dies einige Jahre zuvor bereits für eine andere Produktion gemacht und wusste daher, wie unangenehm ein Flug mit einem Ultraleichtflugzeug sein konnte. Was ich zu dem Zeitpunkt nicht ahnte: Frank war ebenfalls ein gebranntes Kind. Er hatte mal auf Mallorca in einem Ultraleichtflugzeug gesessen und war durch die Thermik ordentlich durchgeschüttelt worden. Ich hatte hier also zwei Menschen, die beide keinerlei Interesse daran hatten, hinter dem Piloten Platz zu nehmen, um die Waldrappen, die nach 350 Jahren erstmals wieder über den Bodensee fliegen würden, zu begleiten.

Da in der WhatsApp-Gruppe am Ende keinerlei weitere Kommunikation stattgefunden hatte, war ich davon ausgegangen, dass die beiden dieses Thema längst untereinander besprochen hätten. Doch weit gefehlt! Und so standen wir vor einem startbereiten Leichtflugzeug auf einem Sportflugplatz am Rande des Bodensees, und Frank und Matthias diskutierten eifrig darüber, wer denn nun einsteigen müsste. Es war eine sehr lange Diskussion, die meine beiden Freunde hier durchführten, bevor sie zu einem Ergebnis kamen. Ich glaube, am Ende war es »Schnick, Schnack, Schnuck«, das die Entscheidung brachte, und Frank hatte den Kürzeren gezogen. Dass er nicht ganz freiwillig in den Flieger stieg, sah man ihm an. Doch wie so oft in mulmigen Situationen zeigte er vor allem eins: schwarzen Humor. Er lamentierte darüber, dass er nun dazu beitragen würde, dass die Waldrappe nicht aussterben, in der großen Hoffnung, dass die Waldrappe nicht dazu beitrügen, dass er ausstirbt.

Matthias war, als die Entscheidung gefallen war, wie ausgewechselt. Geradezu euphorisch erklärte er Frank jegliche Gefahr, die bei diesem Flug entstehen könnte. Ich hielt mich aus dieser ganzen Diskussion heraus, freute mich dann aber umso mehr, als Frank endlich abhob und zusammen mit den Waldrappen fliegen konnte. Die dabei entstande-

Reinschmidts Tierfakten

Moderne Technik hilft bei der Wiederansiedlung

Mithilfe von Ultraleichtflugzeugen, die so langsam fliegen, dass die Waldrappe es schaffen mitzukommen, werden diese Ibisse über die Alpen in ihre Überwinterungsgebiete begleitet. Haben die Jungtiere einmal durch menschliche Hilfe die überlebenswichtige Zugroute erlernt, finden sie alleine wieder zurück in ihr Brutgebiet. Damit aber keines der wertvollen Tiere verloren geht, erhält jeder Vogel einen kleinen Rucksack auf den Rücken, der einen GPS-Sender enthält. Verfliegt sich einer der Jungvögel einmal, kann man ihn so wieder einfangen. Dank der technischen Unterstützung kam es inzwischen auch zu einer »natürlichen Landung« auf dem Frankfurter Flughafengelände. Über zweihundert dieser Sender sind derzeit bei den ausgewilderten Waldrappen in Österreich, der Schweiz und in Deutschland im Einsatz. Die Anzeichen, dass die seit Jahren laufende Wiederansiedlung langfristig gelingen wird, sind sehr positiv, denn inzwischen brüten zahlreiche Vögel, ziehen Jungtiere auf und führen diese selbstständig in die Überwinterungsgebiete.

nen Bilder für unseren Film waren einzigartig, denn sie zeigten nicht nur einen der größten TV-Entertainer Deutschlands in einem winzigen Fluggerät, das mitten in einem Schwarm seltener Vögel flog, sie zeigten auch wieder einmal, welch unglaubliche Anstrengungen nötig waren, um seltene Tiere, die wir hierzulande ausgerottet hatten, wieder zurückzubringen. Zurück am Boden sagte Frank: »Christian, nie wieder! Das war definitiv mein letzter Flug in so einem Gerät.«

Etwa vier Wochen später landeten Johannes, Corinna, Anne und dreißig der einunddreißig Waldrappen sicher in der Toskana, wo die Vögel schließlich ausgewildert wurden. Einige von ihnen sind inzwischen zurückgekommen und sorgen in den Felswänden für Nachwuchs. Ein Riesenerfolg für den Artenschutz.

Eines der großen Artenschutzthemen in Deutschland sind die Wölfe. Dazu muss man wissen, dass die Wölfe nicht wiederangesiedelt wurden – sie kamen freiwillig zurück. Nachdem sie vor etwa 150 Jahren in Deutschland ausgerottet waren, wanderte 1998 das erste Wolfspaar aus Polen wieder in Brandenburg ein. Um die Jahrtausendwende gab es dann den ersten Wolfsnachwuchs auf deutschem Boden, und inzwischen haben wir wieder über 1500 Wölfe (Tendenz steigend), die nicht mehr nur in Brandenburg, sondern inzwischen in großen Teilen

Deutschlands leben. Experten gehen davon aus, dass in wenigen Jahren in jedem Bundesland wieder Wölfe heimisch sein werden.

Die Geschwindigkeit, mit der die Raubtiere zurückkommen, verwundert allerdings viele. Etliche Biologen hatten gedacht, dass es viel länger dauern würde, bis die Wölfe ihre ursprünglichen Lebensräume und inzwischen sogar völlig neue Lebensräume für sich entdeckten. Gleich zweimal war ich mit Frank in Wolfsgebieten unterwegs. Die Experten Markus Barthen vom Nabu und Biologe Sebastian Koerner nahmen uns jeweils mit. Für Frank war das jedes Mal eine kleine bis mittlere Herausforderung. Wie viele andere Menschen in Deutschland auch war er mit einer gewissen Angst vor Wölfen aufgewachsen – Rotkäppchen lässt grüßen! So behagte es ihm überhaupt nicht, völlig ungeschützt durch das Revier eines Wolfsrudels zu laufen. Vor allem, weil wir in beiden Fällen innerhalb kürzester Zeit erste Fußspuren von Wölfen entdeckten. Wölfe nutzen nämlich total gerne die Wanderwege von Menschen. Der Grund ist relativ einfach: Es geht schneller! Ähnlich wie wir schätzen sie es nicht besonders, mitten durchs Gestrüpp zu laufen und daran ständig hängen zu bleiben.

»Die Faszination von Biologen für Tierkot werde ich nie verstehen.« Das ist einer der Sätze, die Frank immer wieder fallen lässt wie Wildtiere ihre Losung und der natürlich auch in den Wolfsgebieten zum Einsatz kam. Dabei erkannten unsere Experten anhand der Ausscheidungen der Wölfe nützliche Hinweise, zum Beispiel ob die Tiere in der Nacht zuvor am jeweiligen Ort gewesen waren und was sie gefressen hatten. Installierte Wildkameras, die durch Bewegungen ausgelöst werden und filmen, was in der Nacht passiert, zeigten uns dann am Morgen, dass es wirklich Wolfsaktivitäten gegeben hatte. An einem Abend versuchte Markus erfolglos, mit dem Nachahmen von Wolfsgeheul die Tiere sogar möglichst nah anzulocken – was Frank vor allem eins entlockte: ein ungutes Gefühl.

Mit Sebastian verbrachten wir zudem einen extrem frühen Morgen in Tarnausrüstung, um auf die Wölfe zu warten, die, so sagte uns der Experte, mit Sicherheit in diesem Gebiet sein mussten. Sebastian war auch Naturfilmer und hatte extra für unser Ansitzen einen weiteren Sniper-Anzug besorgt. Das sind Tarnanzüge, die Scharfschützen in Kriegen benutzen, um möglichst nicht entdeckt zu werden. Als der Kofferraum aufging und Frank sah, was er da jetzt anziehen sollte, drehte er sich zur Kamera und sagte: »Meine Damen und Herren, Sie erleben das Ende einer Karriere.« Dann drehte er sich zu mir um und sagte: »Christian, du willst doch nicht ernsthaft, dass ich das jetzt hier anziehe?« Wir brauchten einige Minuten, um ihm zu erklären, warum dies eine Notwendigkeit sei und dass es auch Vorteile biete, wenn der Wolf einen nicht sehe. Dieses Argument zog, sodass er dann am Ende tatsächlich den Tarnanzug anlegte.

Tarnung ist alles, wenn man Wölfe beobachten möchte.

Frank verglich die nun folgenden zwei Stunden später mit Karneval, weil er sich so verkleidet fühlte, und war überrascht, als Sebastian ihm erklärte, dass selbst Vögel nicht merken, dass ein Mensch unter dieser Tarnung sitzt, und er so manchmal eine Meise oder einen anderen Singvogel auf dem Kopf sitzen hat, während er auf Wölfe wartet. Bis heute weiß ich nicht, ob es Frank ganz recht war, dass sich am Ende kein Wolf blicken ließ, oder er sich tatsächlich gefreut hätte über ein

Zusammentreffen mit diesem sagenumwobenen Tier, das immer noch für so viel Diskussionsstoff sorgt.

Diese Erlebnisse und all die Informationen über Wölfe überzeugten Frank aber davon, dass der Wolf nun mal zu uns gehört, und da kann ich ihm nur beipflichten. Wir Menschen müssen lernen, mit Tieren wie Wölfen, Luchsen oder Bären wieder ein vernünftiges Zusammenleben zu finden. Eine Gefahr geht von Wölfen zumindest für den Menschen nicht direkt aus. Das haben die letzten Jahre gezeigt. Und für das Zusammenspiel im Netzwerk der Natur sind Wölfe ein nicht zu ersetzender, wichtiger Baustein. Sie sorgen dafür, dass kranke Tiere, vor allem Rehe, gefangen und gefressen werden und sich so zum Beispiel Seuchen nicht verbreiten können. Und sie sorgen dafür, dass Rehe nicht überhandnehmen und damit den Wald schädigen. Kurz: Wo es Wölfe gibt, ist der Wald gesünder!

Auch das Thema Meere und Ozeane beschäftigte uns immer wieder auf unseren Reisen. Vor Kurzem besuchten wir die Azoren. Dort hatte ich etwas ganz Besonderes vor: Ich wollte Frank auf dieser Reise einen kleinen Lebenstraum erfüllen. Er sollte das größte Tier der Erde sehen, und zwar das größte, das jemals gelebt hat: den Blauwal.

Vermutlich hat jedes Kind diesen Artnamen schon einmal gehört. Nichtsdestotrotz ist es ein total unterschätztes Tier. Dinosaurier zum Beispiel haben ja eine viel größere Fangemeinde als Blauwale, und das, obwohl sie allesamt kleiner waren (und inzwischen ausgestorben sind). Große Blauwal-Exemplare messen bis zu 33 Metern und können, wenn sie ordentlich gefressen haben, zweihundert Tonnen wiegen. Man könnte meinen, dass solche Tiere also nicht leicht zu übersehen sind. Und doch ist es unglaublich schwierig, diese Giganten in freier Natur zu finden. Das liegt daran, dass sie extrem lange tauchen können, nämlich bis zu zwanzig Minuten, und zudem auch noch relativ schnell sind. Die maximale Geschwindigkeit, die bei Blauwalen gemessen wurde, liegt bei 48 Stundenkilometern! Das bedeutet, dass man sie auf einem Schiff stehend nur sehr schwer ausmachen kann, da sie diese Geschwindigkeit natürlich unter Wasser fortsetzen, wenn man die Tiere nicht sieht.

Unser Guide auf den Azoren war erneut Frank Wirth, den wir aus Kenia kannten und der hier eine Tauchschule besitzt. Und »der andere

Frank« rief eines Tages sehr aufgeregt auf meinem Handy an: »Ihr müsst jetzt sofort kommen! Wir haben Blauwale entdeckt.« Unser Frank verstand die Hektik nicht, schließlich sollten wir eine ganze Woche auf den Azoren verbringen. Erst im Nachhinein musste auch er zugeben, dass genau diese Hektik sinnvoll war. Es war nämlich der einzige Tag in der ganzen Zeit, an dem die See ruhig genug war, um wirklich weit rauszufahren, und an dem Blauwale gesichtet wurden. Die Hektik war also ein riesiger Glücksfall!

Ein Taxi brachte uns auf dem schnellsten Weg zum Hafen, wo Frank Wirth uns bereits mit einem Boot in Empfang nahm, das eigentlich nur als Fährverbindung nach Pico gedacht war, die Insel, auf der wir in den nächsten Tagen wohnten. Doch all das interessierte zu diesem Zeitpunkt niemanden mehr. Das Gepäck wurde eiligst an Bord geworfen und die Technik startklar gemacht, noch bevor wir den Hafen verließen. Und dann ging es mit voller Motorkraft in Richtung Blauwale.

Auf dem Weg auf die offene See begleitete uns eine kleine Schule Delfine, die Frank großen Spaß machten. Und dann plötzlich kam der Ruf vom Kapitän: »Blauwal voraus!« Der Blauwal, den wir entdeckten, war noch nicht einmal besonders groß. Ungefähr zwanzig bis fünfundzwanzig Meter maß das Tier – war damit aber fast dreimal so lang wie unser Boot. Frank war mehr als beeindruckt. Er hatte sich das Tier deutlich »fetter« vorgestellt – das war sein erster Eindruck, der für viele Lacher sorgte.

Tatsächlich war es für ihn etwas überraschend, dass ein so großes Tier fast schon grazil durchs Wasser schwamm – man könnte sagen, es schwebte hindurch. Immer wieder tauchte der Kopf mit der Atemöffnung auf und blies eine große Menge Wasser heraus.

Nach nur zwanzig Minuten war das Spektakel vorbei. Etwa fünf- oder sechsmal hatten wir in dieser Zeit den Blauwal auftauchen sehen und auch einige schöne Bilder für unseren Film drehen können. Wir waren alle begeistert, wenn auch extrem durchgefroren, denn auch das ist bei den Azoren anders, als man es sich vorstellt: Es war ganz schön kalt dort im Mai. Nichtsdestotrotz war es für uns alle wirklich ein erhebender Moment, so ein seltenes Tier zu Gesicht zu bekommen.

Um 1920 lag der Weltbestand der Blauwale noch bei ungefähr 220 000 Tieren. Vierzig Jahre später war die Population aufgrund der Bejagung mit Harpunen auf nur noch tausend bis dreitausend Tiere zurückgegangen. Die Menschen hatten es also geschafft, dass der Bestand des größten Tieres der Erde um 99 Prozent zurückgegangen war, und das in nur vier Jahrzehnten.

Wie das überhaupt möglich gewesen sein konnte, erlebten wir auch auf dieser Reise. Wir besuchten eine alte Walfabrik und waren alle entsetzt. Vor hundert Jahren war der Walfang noch die Haupteinnahmequelle der Azoren. Heute ist es der Tourismus, der am Ende auch oft an den Walen hängt, nämlich dem Whale-Watching. Damals wurden aus den getöteten Walen Vitamine extrahiert, Lebertran hergestellt und ganz viele Industriefette aus der dicken Schwarte der Säugetiere herausgekocht. Die teilweise acht Meter hohen Tanks, in denen die Tierteile verarbeitet wurden, und der industrielle Maßstab erschreckten uns sehr. Es war ein beklemmendes Gefühl, in so einer Fabrik zu stehen, obwohl wir ja genau wussten, dass diese seit etlichen Jahrzehnten nicht mehr in Betrieb war. Auf den Azoren starb der letzte von Menschen getötete Wal im Jahr 1983. Seither gilt ein strenger Schutz, der auch dazu führte, dass die Populationen sich langsam wieder erholen konnten.

Dennoch werden die Folgen dieses massiven Eingriffs in die Natur noch Jahrzehnte, wenn nicht Jahrhunderte zu sehen sein. Denn Wale vermehren sich langsam. Die weltweite Jagd auf die Wale ist nur einer von unzähligen Eingriffen, die wir Menschen in den Meeren vorgenommen haben, wie die Überfischung, der Meeresmüll oder das Einleiten von Abwässern, deren Folgen für uns oft gar nicht in Gänze absehbar sind. Denn am Ende sind auch wir Menschen vom Leben in den Ozeanen abhängig.

SÜDAFRIKA

Auf der Spur der Löwenverkäufer

Von Christian Ehrlich

Der Gepard ist das schnellste Landtier der Erde – und hoch bedroht.

Wir hatten lange diskutiert, ob wir diesen Schritt wirklich gehen sollten. Getarnt als Touristengruppe mit mehreren versteckten Kameras und einigen laufenden Handys hatten wir uns auf einer Raubtierfarm in Südafrika angemeldet. Diese Farmen sind gar nicht so selten, wie man meinen könnte. Dort werden diverse Raubkatzen, in unserem Fall Löwen, Servale (mittelgroße, schwarz gefleckte Katzen mit auffallend großen Ohren), Leoparden und vielleicht auch ein paar Geparde gezüchtet, um die Babys ihren Müttern später wegzunehmen, mit der Flasche aufzuziehen und die Kleinen dann ins Ausland zu verkaufen. Es ist ein äußerst dreckiges Geschäft, was mit diesen Wildtieren dort geschieht und das wir heimlich filmen wollten. Leider steigt die weltweite Nachfrage nach Raubkatzen als Haustier beziehungsweise Statussymbol gerade wieder an. Vor allem in China und in Arabien gelten Raubkatzen als »in«.

Die Farm, die wir Ende 2019 in der Nähe von Bethlehem in Südafrika besuchten, beherbergte etwa fünfzig Raubkatzen. Das Kamerateam und ich hatten uns als Franks Söhne ausgegeben, die ihn zu seinem Lebenstraum begleiteten. Er wollte einmal Löwen ganz aus der Nähe sehen – so lautete unsere Geschichte, die wir auf der Farm erzählten. »Am besten Baby-Löwen«, hatten wir der Besitzerin der Farm gesagt. Sie freute sich sehr, ein paar deutsche Besucher begrüßen zu dürfen. Lange waren wegen der abgelegenen Lage keine Europäer mehr in ihrem Etablissement gewesen. Wir zahlten umgerechnet 50 Euro, damit sie uns die Farm zeigte und wir vielleicht sogar, wenn wir nett waren, einen kleinen Blick auf die aktuellen Baby-Löwen werfen konnten.

Bei den langen Diskussionen im Vorfeld unserer investigativen Recherche war es vor allem Frank, der ganz klar dafür war. Er sagte: »Leute, wir sind Journalisten. Wir müssen dieses Risiko eingehen, um der Welt zu zeigen, was da genau passiert.« Dazu muss man einschränkend sagen, dass diese Raubtierfarmen in Südafrika durchaus legal sind. Lediglich der Verkauf der Tiere ins Ausland ist oft illegal.

Auf der Farm waren wir dann alle sehr beeindruckt von Frank, der die Frau sofort in ein Gespräch verwickelte, ihr alle möglichen Geschichten über sein angebliches Familienleben in Deutschland erzählte und über seine Kindheit und warum er Löwen so sehr mochte. All das

Reinschmidts Tierfakten

Löwen – Langschläfer mit Biss

Die größten unter den Raubkatzen sind die Löwen, die auch als einzige in sozialen Gruppen leben. Dies ist auch notwendig, denn sie gehen gemeinsam auf Jagd, um auch deutlich größere Beutetiere als sie selbst zur Strecke zu bringen. Der Futterbedarf eines Rudels ist enorm, denn dieses kann durchaus aus bis zu fünfzehn oder noch mehr Individuen bestehen. Bei einer einzigen Mahlzeit verzehrt ein hungriger Löwe bis zu einem Fünftel seines Körpergewichts, je nach Körpergröße kommen da mal schnell bis zu dreißig Kilogramm Fleisch zusammen. Bei so einer kalorienreichen Nahrung muss natürlich ausgiebig verdaut werden, und dies tun die Löwen am besten im Schatten. Sie schlafen deshalb oft bis zu zwanzig Stunden am Tag. Während die jüngeren Löwen häufig gemeinsam in Gruppen im Gebüsch zusammenliegen und die Männchen es sich ebenfalls eher unter einem Strauch gemütlich machen, klettern die Weibchen gerne auf einen Baum und verbringen dort in einer breiten Astgabel hängend, dösend und schlafend den Tag. Bis zur nächsten Jagd.

diente natürlich nur dem Zweck, die Frau so gut es ging abzulenken, während wir alle mit unseren privaten Handys und versteckten Knopfkameras versuchten, möglichst viele Bilder der hier gehaltenen Tiere einzufangen. Und Frank war noch viel besser. Er entlockte der Frau schon nach wenigen Minuten echte Betriebsgeheimnisse. Sie erklärte

Löwen, die Könige der Tiere, werden inzwischen von der Geburt bis zum Tod »genutzt« …

ihm, wie gut das Geschäft laufe und dass ihr Mann gerade in Deutschland sei, um seinen neuen Porsche abzuholen. Gerade deswegen finde sie es ja so lustig, dass jetzt ein paar Deutsche hier seien, um dem Vater ebenfalls einen lang gehegten Traum zu erfüllen.

Kurz darauf fiel der Satz, der uns alle erschaudern ließ. Die Frau berichtete fast schon freimütig von ihren Kunden. Aktuell wären alle Jungtiere über Monate hinweg reserviert und bereits verkauft, und zwar nach Arabien. Es sei sowieso am einfachsten, dorthin zu verkaufen, weil die Tiere über einen Privatflughafen abgeholt würden, von einem Transporteur mit Diplomatenpass. Das heißt, die Tiere verließen illegal das

Land, ohne dass der Zoll dies kontrollieren konnte. Ein lukratives Geschäft. Bis zu 20 000 Dollar würden für zahme Jungtiere im Moment in Arabien gezahlt. Mit katastrophalen Folgen für die Tiere: Meistens wurden und werden sie in Hinterhöfen oder sogar im Keller, manchmal frei im Haus gehalten. Einige müssen an der Leine mit auf dem Beifahrersitz fahren. Einfach nur zur Belustigung der Menschen. Mit artgerechter Tierhaltung hat das nicht im Entferntesten etwas zu tun.

Und dieses tierschutzwidrige Leben begann in Südafrika. Genau deswegen waren wir hierher gereist. Südafrika gilt bis heute als Dreh- und Angelpunkt im internationalen Raubtierhandel. Die neueste »Ware« wurde uns dann ganz am Ende des Rundgangs präsentiert. Frank hatte so lange gut Wetter bei der Besitzerin gemacht, dass sie uns durch eine windschiefe Holztür in einen Verschlag auf der Rückseite der Farm brachte. Dort lebten in einer umgedrehten Holzkiste mit einem alten Lappen darin zwei Baby-Löwen. Die Tiere waren kleiner als eine Hauskatze und maunzten uns niedlich an. Man war versucht, sie zu streicheln, doch wenn man etwas näher kam, schloss sich das quasi von selbst aus. Die Tiere stanken. Kein Wunder: Offensichtlich wurden sie nicht regelmäßig gereinigt, und auch eine Fellpflege fand nicht statt. Die Tiere lagen in ihrem eigenen Urin in der Hitze Südafrikas.

Nach etwa anderthalb Stunden war unser Rundgang beendet, und wir gingen zurück zu unserem Auto. Es war nicht ungefährlich, was wir hier gemacht hatten. Vermutlich hatten wir großes Glück, dass ausgerechnet an diesem Tag der Mann, der sich sonst um die Raubtiere kümmerte, nicht da war. Durch unser heimliches Filmen und das lange Gespräch von Frank mit der Besitzerin hatten wir Dinge erfahren, die – so stellten wir später fest – selbst bei der Tierschutzorganisation Vier Pfoten, die auch in dieser Region arbeitete, noch nicht angekommen waren. Wir teilten unsere Rechercheergebnisse mit den Tierschützern, die sich kurz darauf daranmachten, die Frau anzuzeigen – allerdings ohne Ergebnis. Bis heute besteht die Farm, allerdings scheinen die Besitzer nun etwas vorsichtiger zu sein, wenn jemand sein Handy zückt, um ein Video zu machen. Immerhin hat kurz nach dieser Reise das Oberste Gericht Südafrikas verfügt, dass die Haltungsstandards in solchen Farmen verbessert werden müssen. Inwiefern das wirklich umgesetzt und kontrolliert wird, ist unklar. Der Kampf der Tierschützer muss also weitergehen.

Heute gibt es nur noch siebentausend Geparde in Afrika, die meisten leben in Schutzgebieten.

Das Land am Kap der Guten Hoffnung ist ein besonders wildes Land, und es ist das Land der Raubkatzen – oder war es zumindest mal. Wirklich frei lebende Raubkatzen gibt es kaum noch. Die meisten leben in den nationalen oder privat geführten Schutzgebieten, die es überall in Südafrika gibt, und natürlich zusätzlich auf diversen Farmen, auf denen mit ihnen Geld gemacht wird. Wenn man tiefer in diese Thematik einsteigt, wundert man sich, wie kommerzialisiert die Verwertung von Raubkatzen in Afrika geworden ist. Es gibt zum einen – wie wir mit eigenen Augen gesehen hatten – den Weg, dass Raubkatzen gezüchtet werden, um sie als Haustiere zu verkaufen. Ein zweiter Weg ist noch deutlich perfider. Dazu werden Raubkatzen, meistens Löwen, auf sogenannten Streichelfarmen gezüchtet. Die Jungtiere werden den Eltern weggenommen und dazu genutzt, vorbeifahrenden Touristengruppen als Streichelobjekt zu dienen. Vor allem bei chinesischen Touristen scheint dieses Erlebnis besonders beliebt zu sein. Einige der Streichelfarmen werben daher direkt mit chinesischen Schriftzeichen. Was wird dort gemacht? Im Prinzip ist es ganz simpel: Die Touristen kommen herein, zahlen ein Entgelt und bekommen die Möglichkeit, wenige Minuten einen kleinen Löwen zu streicheln und natürlich ein Selfie mit ihm zu machen.

Chantal Rischard hat einen Sportplatz für Geparden gebaut, um ihnen das Jagen beizubringen.

Doch damit ist die Ausbeutung der Tiere nicht vorbei, wie uns Tierschützer vor Ort erklärten, denn natürlich werden die süßen Löwenbabys irgendwann einmal groß. Dann werden sie aufgefüttert und entweder zur Zucht eingesetzt oder zu einer Jagdfarm gebracht. Dort leben sie dann noch einige Wochen, bis ein finanzkräftiger Jäger aus dem

Ausland dafür bezahlt, das Tier, das bereits in seiner Kindheit von Hunderten oder Tausenden Touristen gestreichelt wurde, in einem großen Gehege zu erschießen. Meistens nehmen diese »Großwildjäger« nur einige Trophäen mit, vor allem den Kopf des Tiers, manchmal auch nur ein Foto. Das bedeutet, dass der restliche Körper verwertet werden kann. Und so werden die Knochen der Löwen herausgelöst, getrocknet und nach Asien verkauft, als Mittel für die traditionelle chinesische Medizin. Mit anderen Worten: eine Rundum-Verwertung des Löwen von der Geburt bis zum Tod. Grauenhaft!

In Südafrika gibt es aber auch Menschen, die ganz andere Wege gehen, und von ihnen konnten wir gleich mehrere treffen. Zum Beispiel Chantal Rischard, eine Luxemburgerin, die aus Liebe zu den Geparden ausgewandert ist und in der Nähe von Paarl am Westkap eine Auffang- und Zuchtstation namens Ashia für die pfeilschnellen Raubkatzen eingerichtet hat. Ihr großes Ziel ist es, möglichst viele Geparde wieder in Südafrika anzusiedeln und dafür zu sorgen, dass die Art nicht ausstirbt. Das ist auch nötig, denn die Zahlen sind alarmierend. Vor den großen Eingriffen des Menschen streiften etwa hunderttausend Geparde durch Afrika. Heute sind es nur noch siebentausend – und das sorgt für große Probleme. Nicht nur, dass mit den Tieren ein Prädator fehlt, der gewisse Beutetiere in Schach hält. Nein, die Tiere, die noch da sind, sind räumlich so weit voneinander entfernt, dass es zu keinem normalen Genfluss mehr kommt. Das bedeutet schlicht und einfach, dass die Populationen unter Inzucht leiden. Männchen und Weibchen mit unterschiedlichen Genen treffen viel zu selten aufeinander, und das kann zu Erbkrankheiten führen.

Dieses Problem versucht Chantal mit ihrer Station auf ganz eigene Art und Weise zu lösen. Sie nimmt unter anderem beschlagnahmte und verletzte Geparde bei sich auf und pflegt sie groß. Da diese Tiere in der Regel nicht auswilderbar sind, weil sie als Jungtiere mit der Flasche aufgezogen wurden und auf den Menschen geprägt sind, züchtet sie mit diesen Geparden und wildert die Jungtiere aus. Sie schlägt also zwei Fliegen mit einer Klappe. Auf der einen Seite gibt sie Geparden, die ein schlimmes Schicksal hinter sich haben, ein Zuhause, und auf der anderen Seite sorgt sie dafür, dass in der nächsten Generation Geparde mit seltenen Gen-Kombinationen ausgewildert werden können und so zum Erhalt der Art beitragen.

Das ist natürlich nicht so einfach, wie man sich das auf dem Papier vorstellt. Schließlich sind das Jungtiere, die von Eltern geboren werden, die schon nicht mehr in Freiheit waren. Das bedeutet, dass die kleinen Geparde alles Mögliche lernen müssen, was einem Gepard eigentlich von alleine zufällt, wenn er draußen in der freien Natur aufwächst: schnell zu laufen, Haken zu schlagen, eigene Beute zu machen. All das müssen Chantal, ihr Mann und ein großes Team von Angestellten und Freiwilligen hier leisten.

Ein besonders überraschender Platz dafür ist der sogenannte Geparden-Sportplatz. Hier hat Chantal eine Windhund-Rennmaschine installiert: Das ist ein unheimlich schnell laufender Motor, der ein kleines Stückchen Fell, den sogenannten »Hasen«, an einem Seil über eine Wiese zieht. Dank der Rollen lassen sich die unterschiedlichsten Rennwege präparieren. Wir begleiteten die einjährige Gepardendame Jade zu ihrem Training auf dem Sportplatz. Und kurz mussten wir auch hier schlucken, denn Jade wurde, ähnlich wie das auf den Streichelfarmen der Fall war, eine Leine angelegt, um sie von ihrem großen Gehege zum Sportplatz zu bringen. Schnell stellte Matthias, der die Leine in der Hand hielt, allerdings fest, dass das nur eine kleine Sicherheitsmaßnahme war. Das Tier ging ganz freiwillig zum Sportplatz, es zog nicht und versuchte sich auch nicht zu befreien, sondern ging einfach nur den Weg, der zu seinem täglichen Ritual gehörte.

Matthias war stolz wie Oskar. Zu Hause hatte er einen Chihuahua, und nun führte er einen Gepard an der Leine. Frank dagegen freute sich auf den anstehenden Sport. Immerhin hatte Chantal ihm erklärt, dass der interne Geschwindigkeitsrekord, aufgestellt hier auf dem Sportplatz, bei 83 Stundenkilometern lag, den eine Gepardin gelaufen war. Solche Geschwindigkeiten halten Geparde aber nicht lange durch. Es sind wenige Dutzend Meter, auf denen sie solche Werte erreichen, und wenn sie in der freien Natur in dieser kurzen Zeit ihre Beute nicht erwischen, müssen sie sie ziehen lassen.

Dann ging es los. Mit Anlassen des Motors sprintete Jade los. Man merkte, sie kannte dieses Training, war allerdings noch nicht so richtig gut darin. Immer wieder verlor sie den Hasen und musste neu ansetzen. Dennoch war das ein unglaubliches Spektakel. Die Geschwindigkeit, mit der die Raubkatze aus dem Stand beschleunigen konnte, war bemerkenswert. Frank fieberte richtig mit und war absolut begeistert von der Leistung der Raubkatze, während Matthias und ich eine lustige Wette vorbereiteten. Nach Drehschluss trafen wir uns wieder, um ein kleines Video zu drehen. Wir wollten vergleichen, wie lange Matthias für Jades Strecke einmal rund um den Rennplatz brauchte: »Raubkatze gegen Zoodirektor«. Ich hatte mich erfolgreich vor dieser Aktion gedrückt. So lustig die ganze Aktion war, vor allem weil Matthias schon lange keine Sprintläufe mehr gemacht hatte, so imposant war auch das Ergebnis, denn man bekam nun ein Gefühl für die Leistung der Raubkatze – Matthias brauchte ein Vielfaches der Zeit von Jade! Das Ganze kann man auf YouTube bestaunen.

Jade war so oder so eine ganz besondere Gepardin, zu der ich überraschend schnell eine innige Beziehung aufbaute. Wir hatten bereits mehrfach mit ihr am Gehege gedreht, als ich Chantal fragte, ob ich nicht einmal hineingehen könnte, um zumindest mit einer kleineren

Jade und ihr neuer »Kumpel« aus Deutschland … [16]

Reinschmidts Tierfakten

Geparde – schneller geht's nicht!

Geparde sind bekanntlich die schnellsten Landsäugetiere der Welt. Ihr angepasster Körperbau befähigt sie zu dieser Höchstleistung. Bis zu 120 Kilometer pro Stunde können bei ihren Sprints nach Beute erreicht werden, aber stets nur für wenige Augenblicke, denn Geparde haben keine Ausdauer. Erreichen sie ihre Beute nicht innerhalb weniger Hundert Meter, müssen sie von ihr ablassen, da ihre Energie dann bereits vollständig aufgebraucht ist. Vor einem erneuten Versuch, Beute zu erwischen, müssen sie sich erst einmal regenerieren. Dies kann bis zu einer halben Stunde dauern. Wenn der Gepard das Beutetier aber erreicht, packt er dieses mit einem Biss und drückt dabei die Kehle zu, sodass es erstickt. Aber auch dann ist sie dem Geparden noch immer nicht sicher, denn nach seinem anstrengenden Sprint muss er sich zuerst erholen, bevor er sich dem Verzehr widmen kann – und genau diese Verschnaufpause nutzen oftmals stärkere Raubtiere wie Löwe, Leopard oder Tüpfelhyäne, um ihm die Beute abzunehmen, ohne dass sich der Gepard groß wehren kann. Im Gegenteil, er muss aufpassen, während seiner Erholungsphasen nicht selbst zur Beute zu werden.

Kamera ein paar Bilder von Jade zu machen – ohne Gitter dazwischen. Chantal wollte mir diesen Wunsch natürlich erfüllen, denn auch ihr war es wichtig, die Probleme der Geparde möglichst anschaulich in die Welt zu tragen – und dennoch war sie zunächst sehr zurückhaltend. Am Ende ließ sie mich zusammen mit zwei Tierpflegern bei den normalen alltäglichen Reinigungsarbeiten ins Gehege, um ein paar Aufnahmen von Jade zu machen. Womit sie nicht gerechnet hatte, war, dass Jade und ich in der Zwischenzeit durch ganz viele »Gespräche« am Gitter und das ein oder andere Leckerli eine Art Freundschaft aufgebaut hatten. Man kann es gar nicht anders sagen.

Als Jade mich im Gehege mit meiner Kamera sah, kam sie schnurstracks auf mich zu. Alle hielten den Atem an. Frank sagte immer wieder: »Christian, geh zurück! Christian, sie kommt! Sie kommt!« Er hatte große Sorgen – ich nicht. Manchmal wirft mir Matthias vor, ich hätte fast schon eine naive Zuneigung zu allen möglichen Tieren und würde nicht logisch denken, wenn ein Tier auf mich zukommt. Vielleicht ist es so, aber mein Bauchgefühl sagte mir in diesem Moment, dass ich nichts zu befürchten hatte. Diese Katze, da war ich mir irgendwie sicher, würde mir kein Haar krümmen. Und genau so war es.

Es entstanden ganz erstaunliche Filmaufnahmen, denn Jade kam auf die Kamera zu und schmuste in das Objektiv hinein, das von ihrem Atem beschlagen wurde. Ganz laut schnurrte sie, warf sich vor mir auf den Rücken und streckte die Pfoten hoch. Trotzdem widerstand ich dem Impuls, sie zu streicheln, denn sie sollte ja kurze Zeit später ausgewildert werden.

Wie das vonstattenging, durften wir kurze Zeit später in Kuzuko erfahren. Das ist ein privates Schutzgebiet am Ostkap, das mit Chantals Station zusammenarbeitet. Mit einer etwas klapprigen Propellermaschine flogen wir dorthin. Bis kurz vor unserer Landung ging Frank davon aus, es gebe dort einen Flughafen, doch weit gefehlt. Eine geschotterte Piste, rechts und links mit Dornbüschen bewachsen, diente als Landeplatz für unser Flugzeug. Dann ging es weiter mit Geländewagen über holprige Pisten in Richtung unserer Lodge. Doch wir kamen nicht weit. Bereits nach zwei Kilometern stand ein riesiger Elefant an einem Wasserloch, und natürlich mussten wir sofort anhalten und einige Bilder machen.

Frank hatte sich eigentlich auf ein vernünftiges Mittagessen gefreut, das nun ausfiel. Belohnt wurden wir dafür mit einer wunderschönen afrikanischen Landschaft, in der dieses einzigartige Tier stand, das sich nun umdrehte und in die Richtung von Franks Jeep lief. Nach den ersten paar Schritten sagte Matthias, der im selben Wagen saß: »Weißt du noch, in Sri Lanka, da hat uns doch auch schon mal ein Elefantenbulle fast umgerannt.« Keine zwei Minuten später war der Elefant bis auf einen Meter an ihr Auto herangekommen. Der Fahrer des Wagens war völlig erstaunt – über das Verhalten seiner deutschen Gäste. Frank und Matthias blieben völlig ruhig, schwiegen, schauten sich das Spektakel an, ließen den Elefanten vorbeigehen und wirkten überhaupt nicht aufgeregt oder ängstlich. So etwas hatte der Fahrer noch nie erlebt. Auf die Frage, warum die beiden denn so wahnsinnig abgeklärt seien, sagte Frank nur trocken: »Gelernt ist gelernt.«

Kuzuko ist eine ganz besondere Schutzzone. Hier wurde für viel Geld extra ein Bereich eingerichtet, in dem junge Geparde aus der Station von Chantal langsam in die Freiheit entlassen werden können. Die Tiere kommen zunächst in ein eingezäuntes Areal, das erst am Ende ihrer mehrmonatigen Eingewöhnungszeit aufgemacht wird, sodass sie sich dann »völlig frei« auf dem 15 000 Hektar großen Gelände bewegen

Dutzende Geparde werden jedes Jahr betäubt und umgesiedelt, um die Art zu erhalten.

können. Dort hatten wir eine außergewöhnliche Begegnung, die wir lange nicht vergessen werden. Wir trafen auf die Gepardendame Aero, die vier kleine Gepardenbabys aufzog. Sie waren gerade beim »Mittagessen«. Aero hatte einen Springbock erlegt und mit zum Wurfplatz gebracht, wo die Kleinen darauf warteten und nun anscheinend zum ersten Mal wirklich festes Futter zu sich nahmen. Alle Tiere waren etwas blutverschmiert im Gesicht, und trotzdem war es eine unbeschreiblich schöne Szene.

Drei der Jungtiere stammten wirklich von Aero, es waren ihre Kitten. Das vierte Jungtier hatte sie adoptiert. Es stammte aus einem anderen Wildreservat, doch seine Mutter hatte sich nicht darum gekümmert. Aero dagegen nahm es ohne Probleme auf. Alle vier wuchsen hier jetzt also relativ natürlich auf, sodass sich alle Mitarbeiter große

Chancen ausmalten, dass diese vier Geparde später würden überleben können. Und das war bereits ein großer Erfolg, denn als Chantal und die Besitzer von Kuzuko hier mit diesem Projekt anfingen, gab es überhaupt keine Geparde mehr. Die waren Jahrzehnte zuvor von den Farmern ausgerottet worden, weil diese Angst um ihre Nutztiere hatten.

Zudem hatten viele Fachleute Chantal immer wieder gewarnt, dass ihr Projekt scheitern würde. Man hielt es für unmöglich, dass aus menschlicher Haltung gerettete Geparde ihre Jungtiere in der Natur erfolgreich aufziehen könnten. Doch Chantal glaubte an ihren Ansatz. Sie kaufte Aero von einem Züchter frei. Eigentlich wäre aus dem Tier also ein Haustier geworden – und jetzt würde sie ihren vier Jungen bald das Jagen beibringen.

Frank Elstner & Chantal Rischard

Frank Elstner:

Liebe Chantal, ich hätte nie gedacht, Geparden so nahe zu kommen. Wieso habt ihr euch ausgerechnet der Rettung dieser Raubkatzen verschrieben?

Chantal Rischard:

Katzen, ob groß oder klein, waren schon seit jeher meine Leidenschaft. Auf unseren Reisen durch das südliche Afrika haben mein Mann und ich immer stärker erkannt, dass von allen afrikanischen Großkatzen gerade Geparde am stärksten bedroht sind. Nicht nur die Konkurrenz stärkerer Raubkatzen wie Leoparden, Löwen oder Hyänen, sondern insbesondere der zunehmende Verlust ihres Lebensraumes und Inzucht durch fehlende Wildtierkorridore, durch Wilderei und illegalen Wildtierhandel haben seit den Sechzigerjahren dazu geführt, dass der Bestand des schnellsten Landsäugetiers auf unter siebentausend Tiere zurückgegangen ist. Ausschlaggebend für die Entscheidung, uns auf Geparde zu konzentrieren, war die Möglichkeit, diese Tiere unter menschlicher Obhut züchten und schrittweise auswildern zu können.

War eure Auswanderung nach Südafrika nicht trotzdem eine fürchterlich schwere Entscheidung?

Die Entscheidung, nach unserem »normalen Arbeitsleben« nach Südafrika auszuwandern, war schon sehr lange vor dem eigentlichen Schritt gefallen, und unsere vielen Afrikareisen bekräftigten stets unsere Überzeugung, das Richtige zu tun. Unser Haus hier hatten wir schon zwei Jahre vor unserem Umzug gekauft, und so konnten wir alles vorbereiten, um quasi nach dem letzten Arbeitstag ins Flugzeug zu steigen und unseren Traum zu verwirklichen. Seit ich zurückdenken kann, wollte ich in der Nähe von Kapstadt leben, ich musste also nur noch meinen Mann »infizieren«, was ja Gott sei Dank funktioniert hat. Familie und Freunde zurückzulassen ist natürlich nie leicht, aber Südafrika ist ja ein beliebtes Reiseziel …

Wie geht es den Tieren, die wir damals kennengelernt haben?

Wenn man sich intensiv und aktiv im Tierschutz engagiert, lernt man sehr schnell, dass es Höhen und Tiefen gibt. Der nachhaltige Erfolg des von uns entwickelten Auswilderungsprozesses überwiegt zum Glück bei Weitem einige Rückschläge. So haben wir zum Beispiel von dem Geschwisterpaar Jade und Josh, welches ihr kennengelernt habt, das Männchen an zwei stärkere, ältere Geparde und das Weibchen und ihren Nachwuchs an einen Löwen verloren. Ein anderes Geschwisterpaar ist hingegen sehr erfolgreich in unterschiedlichen Reservaten unterwegs. Das Männchen hat sich mit einem älteren Gepard zusammengetan und sich bislang gegen alle Gefahren eines freien Lebens behauptet. Das Weibchen hat kürzlich zum zweiten Mal einem sechsköpfigen Nachwuchs das Leben geschenkt. Ihre ersten sechs Jungen hat sie erfolgreich aufgezogen, und wir sind im Moment dabei, sie auf verschiedene Reservate zu verteilen. Dies ist nötig, um Inzucht mit der Mutter oder dem Vater zu vermeiden. Auch Aero und die Babys, die ihr gefilmt hattet, genießen nach wie vor ihr Leben in der Wildnis.

Wir haben auf unserer Reise ja auch heimlich in einer Raubkatzenzucht gedreht, die die Babys überwiegend nach Arabien verkauft. Wie verbreitet ist denn diese Praxis noch in Südafrika?

Leider ist diese Praxis immer noch verbreitet. Die Pandemiejahre haben zwar dazu geführt, dass aufgrund des eingeschränkten Luftverkehrs der lukrative Verkauf von jungen Geparden als »Haustier« in einschlägige Länder stark rückläufig war – aufgrund des daraus resultierenden Einnahmeausfalls dubioser Züchter haben einige dieser Einrichtungen nicht überlebt. Sobald das Geld jedoch wieder fließt, wird es auch wieder neue Profiteure geben. Sehr enttäuschend ist auch, dass Online-Plattformen wie Facebook immer noch Verkaufsangebote von Geparden und anderen gefährdeten Wildtieren erlauben.

Hat sich da in den letzten Jahren gar nichts geändert?

Positiv ist meines Erachtens der zunehmende öffentliche Druck – insbesondere auch seitens der Tourismusindustrie – auf Projekte wie die Streichelfarmen. Jeder Tourist hat heute die Möglichkeit, sich vorab über derartige Projekte zu informieren und dann ganz bewusst *keine* Löwenbabys zu streicheln, *nicht* mit jungen Löwen oder Geparden spazieren zu gehen und *nicht* auf Elefanten zu reiten. Dass euer Filmteam so nah an die Geparde herankam, war eine große Ausnahme und liegt an eurer Ausbildung.

Euer Projekt hat so manches Dogma nach dem Motto »Das geht doch gar nicht« widerlegt. Was sind eure großen Ziele in den kommenden Jahren?

Ashia ist in wenigen Jahren enorm gewachsen und mittlerweile eine feste Größe im Geparden-Artenschutz sowie der Aufnahme und Rehabilitation von verwaisten oder verletzten wilden Geparden. Stark im Fokus der kommenden Jahre steht aber auch die weitere Neuansiedlung von Geparden in Ländern, in denen sie ausgerottet wurden. Ashia initiiert, finanziert und managt auch zunehmend Forschungsprojekte in Zusammenarbeit mit Universitäten und anderen Tierschutzorganisationen.

Vielen Dank – und bleibt bitte am Ball!

Normalerweise reisen wir drei ja stets den kompletten Dreh über zusammen durch das jeweilige Land. In diesem Fall jedoch flog Matthias aufgrund eines wichtigen Termins im Zoo zurück nach Deutschland. Wir nutzten das Unumgängliche und gaben ihm noch eine weitere Aufgabe mit auf den Weg. In der Auffangstation »Tierart« von Vier Pfoten in Rheinland-Pfalz warteten nämlich zwei Tiger namens Bela und Sharuk darauf, nach Südafrika ausgeflogen zu werden. Die Tiere waren zuvor in einem privaten Zoo beschlagnahmt worden. Wir konnten es kaum glauben: Die Tierschützer dort gingen davon aus, dass in Deutschland noch ein- oder zweihundert Raubkatzen bei Privathaltern gehalten werden. Das Problem beschränkt sich also längst nicht nur auf Tierhalter in Arabien oder Asien.

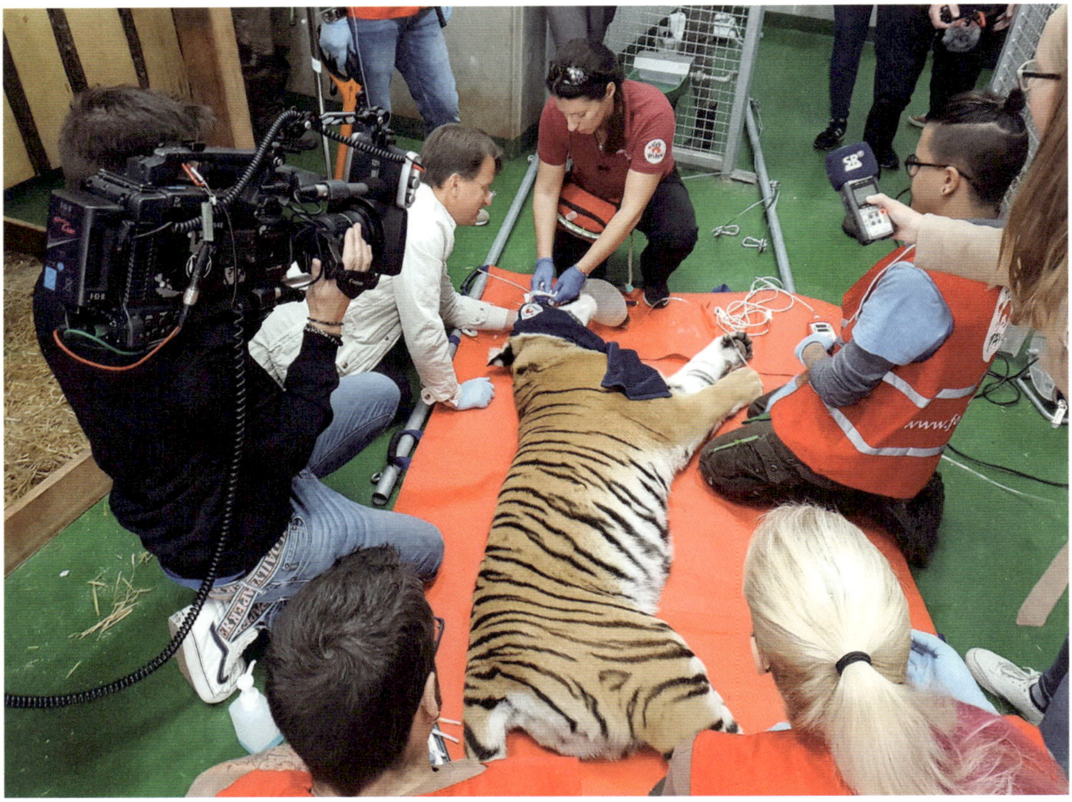

Tiger Bela wurde vor seiner Abreise nach Südafrika untersucht. [17]

Bela und Sharuk jedenfalls waren bereits seit einigen Monaten in der Auffangstation, wurden kontrolliert und für fit befunden für einen Transport nach Südafrika. Natürlich gehören Tiger gar nicht nach Südafrika – Tiger kommen aus Asien, doch dort gibt es keine einzige Auffangstation, die sich solchen Tierschutzfällen annehmen würde. Der Grund: Wie bei den Geparden ist es auch bei den Tigern. Wenn sie in Gefangenschaft aufgezogen wurden und nichts anderes kennen als eine Haltung im Gehege, ist es schwierig bis unmöglich, sie auszuwildern. Das galt auch für Bela und Sharuk. Sie sollten also in die Auffangstation Lionsrock in der Nähe von Bethlehem in Südafrika kommen. Dort hatten die Tierschützer viele Gehege gebaut, um genau solchen Tieren ein neues Zuhause zu geben, in dem sie in Ruhe ihr restliches Leben verbringen konnten. Anders als bei den Geparden handelt es sich dabei aber natürlich nicht um eine Auswilderung. Man muss sich das Ganze eher wie ein Altersheim für Raubkatzen mit schlimmen Schicksalen vorstellen.

Bei unserem Besuch in Lionsrock lebten dort etliche Tiger und Löwen, die aus den verschiedensten Gründen hier gelandet waren. Einige entstammten Zirkussen und sollten die vielen Reisen nicht mehr mitmachen müssen, andere waren von Behörden in den Niederlanden, Belgien oder Deutschland beschlagnahmt worden, wieder andere wurden aus zerstörten Zoos in Kriegsgebieten gerettet. Nun sollten also zwei neue Tiger hierherkommen, und für uns begann das große Warten und Bangen. Solche seltenen Tiertransporte – zwei Tiger sollten von Deutschland nach Südafrika fliegen – waren nun mal besonders anfällig, was Verschiebungen anging. Sowohl auf deutscher als auch auf südafrikanischer Seite waren etliche Behörden in den Transport eingebunden, und jede konnte den Transport theoretisch verzögern oder verhindern.

In unserem Fall lief aber alles gut an. Matthias war bei der Betäubung von Bela und Sharuk in Rheinland-Pfalz dabei. Als die Tiere in ihren Boxen waren und den Weg zum Frankfurter Flughafen antraten, rief er uns an. Wir hörten Matthias in seiner berühmten fröhlichen, fast euphorischen Art und Weise berichten, dass er ganz nah an einem Tiger dran gewesen sei, sogar seine Pfote habe halten können, und dass beide Tiere jetzt endlich auf dem Weg zum Flughafen seien. Sechzehn Stunden später sollten die Tiere dann bei uns in Lionsrock ankommen.

Eigentlich ein Grund zur Freude, doch diese Reise wurde immer wieder überschattet von Franks Parkinson-Erkrankung. Die hatte er kurz vor unserem Abflug publik gemacht, und Matthias und ich merkten, dass sie ihm im südafrikanischen Klima wirklich zu schaffen machte. Auf allen Reisen hatten Matthias und ich immer sehr viel auf Frank achtgegeben – sodass manche Protagonisten sagten, wir würden fast wie eine Familie wirken, und es sei ja so niedlich, wie wir uns um Frank kümmerten. Das mochte manchmal tatsächlich etwas übertrieben gewesen sein, doch jetzt waren die Sorgen berechtigt, zumal er zu diesem Zeitpunkt auch noch nicht die richtigen Medikamente hatte. Ausgerechnet kurz vor dem großen Finale des Films, vor der Ankunft von Bela und Sharuk, machten ihm Hitze und Krankheit besonders zu schaffen. Er hatte kaum geschlafen, als morgens der Anruf kam, dass die Tiger in Johannesburg gelandet waren und in wenigen Stunden auf der Station eintreffen würden.

Auch Frank machte sich Sorgen. Das sah man ihm an, und das sagte er sogar. Er machte sich Sorgen, dass er das nicht schaffen könnte. Das lange Stehen in der Hitze, der fehlende Matthias und dann auch noch mein Wunsch, während der Anlieferung der Tiger mehrere Interviews zu führen, könnten zu viel für ihn sein – dachte er. Und es kam noch schlimmer. Als die Tiger in Lionsrock ankamen, wurde uns mitgeteilt, dass ausschließlich Frank und die Haupttierpflegerin des 1200 Hektar großen Areals, Hildegard Pirker, die Erlaubnis hatten, die Tigerankunft zu begleiten. Das heißt, Frank war komplett auf sich alleine gestellt. Ich durfte ihn auch nicht begleiten und konnte somit nicht die Hilfe sein, die ich gerne gewesen wäre. Mir war schon etwas flau im Magen, als die Tiger dann eintrafen.

Die Hitze war unerträglich. Zudem war die Luft staubig, und es herrschte große Hektik innerhalb der Station. Doch Frank machte seinen Job mit Bravour. Als die Tiger endlich aus ihren Transportboxen in den neu errichteten Gehegen angekommen waren und ich dazukommen durfte, kam er mir bleich, aber strahlend entgegen. »Wir haben es geschafft, Christian«, sagte er mit einem zufriedenen Lächeln.

Die Tiger, die Matthias am Vortag »verpackt« hatte, waren erfolgreich eingezogen. Frank war richtig glücklich. Und nicht nur er: Bela und Sharuk leben bis heute in Lionsrock und verbringen dort ihren wohlverdienten Lebensabend.

UGANDA

Der Gorilla-Kindergarten

Von Christian Ehrlich

Es war plötzlich ganz still geworden, und ich schaute über meine Schulter zu Frank. Er weinte – und er war nicht der Einzige. Matthias und ich hatten auch Tränen in den Augen, und das alles nur, weil wir eine Familie Berggorillas im Regenwald von Uganda getroffen hatten. Auf dem Weg dorthin hatten uns Ranger immer wieder gewarnt, es gebe Menschen, die beim ersten Zusammentreffen mit einer Gorillafamilie einfach so anfangen würden zu heulen – vor Ergriffenheit. Und wir hatten noch lautstark gesagt: »Nein, das kann bei uns nicht passieren. Wir sind Experten, wir sind Biologen. Wir fliegen seit vielen, vielen Jahren um die Erde und haben schon so viele seltene Tiere getroffen. Uns wird das definitiv nicht passieren.« Weit gefehlt!

Aber warum? Na, das können wir gar nicht so richtig sagen, vielleicht ist es die unglaubliche Ähnlichkeit zu unseren nächsten Verwandten im Tierreich. Es ist einfach ein ergreifender Moment. Wir standen dort in einer Gruppe von etwa fünfzehn Gorillas, drei davon waren Jungtiere. Die Kleinen spielten direkt vor unseren Augen, vielleicht zehn, fünfzehn Meter entfernt. Ein einjähriger, eine zweijährige und eine dreijährige kleine Gorilladame. Sie spielten völlig ausgelassen Fangen, übten Klettern und hüpften dem schlafenden Silberrücken auf selbigem herum. Frank sagte: »Das sieht ja wirklich aus wie in einem menschlichen Kindergarten.« Und er hatte absolut recht. Das Besondere an dieser Begegnung in den Tiefen eines Regenwalds im äußersten Südwesten Ugandas war diese Friedlichkeit. Ich glaube, das war es am Ende auch, was uns alle so emotional berührt hat.

Diese Berggorillafamilie, die zu einer der bedrohtesten Säugetierarten der Welt zählt, ließ uns einfach so an ihrem Leben teilhaben. Wobei »einfach so« nicht wirklich stimmt. Die Tiere waren über viele, viele

Auf wild lebende Berggorillas zu treffen war für Frank Elstner das emotionalste Tiererlebnis seines Lebens. [18]

Jahre von der weltweit führenden Gorilla-Forscherin Martha Robbins, die uns begleitete, habituiert geworden. Habituierung bedeutet, dass Tiere in der freien Wildbahn nach und nach an Menschen gewöhnt werden, sodass sie zum Beispiel durch Ranger besser kontrolliert und vor Angriffen von Wilderern beschützt werden können. Sie kannten also Menschen und kümmerten sich daher relativ wenig um uns. Wir standen dort mitten in den Büschen des Regenwaldes und beobachteten ihr ganz normales Treiben: Einige Tiere schliefen, die Kleinen spielten, einige Mütter waren in den Bäumen und aßen Blätter. Frank sagte später, dies sei das emotionalste Tiererlebnis seines Lebens gewesen, und das trifft wahrscheinlich auf uns alle zu.

Wir standen hier vor einer Gruppe von Berggorillas, von denen es zu diesem Zeitpunkt nur noch 1063 bekannte Exemplare auf der gesamten Erde gab, so das Ergebnis von Marthas letzter Zählung. Der Verlust von Lebensraum hatte sie an die Grenzen der Ausrottung gebracht. Immerhin: Durch die intensiven Schutzbemühungen in Afrika war es gelungen, die Population wieder auf über tausend Tiere zu heben, es waren eine Zeit lang sogar noch weniger. Und trotzdem ist bis heute unklar, ob diese Tierart dauerhaft überleben kann. Das eine Problem: Die Populationen sind getrennt durch menschliche Siedlungen. Und es gibt allein schon aus Platzgründen keine Möglichkeiten mehr, Gorillas in anderen Wäldern anzusiedeln – überall leben Menschen. Sie sind quasi in Waldinseln eingeschlossen. Der zweite Grund für die hohe Gefährdung der Gorillas ist – man glaubt es kaum – immer noch Wilderei. Dabei gehen keine Kriminellen in die Nationalparks, um Gorillas zu schießen, das Problem sind illegale Fallen, die zum Beispiel für Antilopen aufgestellt werden. Immer wieder geraten Gorillas mit ihren Händen oder Füßen in eine solche meist aus Draht angefertigte Schlinge. Die daraus resultierenden Verletzungen sind oft so stark, dass die Tiere ein Leben lang behindert sind und manchmal sogar direkt daran sterben.

Kaum zwei Wochen nach unseren Dreharbeiten kam es zu so einem Vorfall mit Wilderern: Antilopenjäger wurden angeblich von einer Gruppe Gorillas überrascht, als sie Fallen aufstellen wollten. Später vor Gericht behaupteten sie, sie hätten sich nur geschützt und dabei den Silberrücken erschossen. Das ist natürlich ein Desaster für die gesamte Gorillafamilie und kann zur Folge haben, dass das komplette Gruppengefüge zerstört wird und die Familie zerbricht. An solchen Fällen sieht man, wie weit wir – allen Bemühungen zum Trotz – immer noch von einem vernünftigen Schutz der bedrohten Wildtiere in der Welt entfernt sind.

Unser Expeditionsgebiet war der Bwindi-Impenetrable-Nationalpark. Dieses von Uganda eingerichtete Schutzgebiet auf ungefähr 2000 Metern Höhe umfasst 330 Quadratkilometer Regenwald. Hört sich viel an, ist aber zur Rettung einer der bedrohtesten Menschenaffenarten der Welt längst nicht ausreichend. Der Wald wird von den Einheimischen »Der Undurchdringliche« (Impenetrable) genannt. Und dass dieser Name völlig richtig gewählt wurde, merkten wir auf dem Weg zu unseren Gorillas. Wir waren unterwegs mit dem deutschen Naturfotografen Andreas Klotz und Martha Robbins. Beide hatten schnell gemerkt, dass wir kein normales Kamerateam waren, das einfach nur ein paar Bilder von den Gorillas machen wollte. Sie hatten verstanden, dass wir alle unterwegs waren, weil uns das wirklich wichtig war, weil uns der Artenschutz am Herzen liegt und wir die Möglichkeiten, die Gorillas zu retten, in die Welt tragen wollten.

Gorilla-Babys sind selten: Es gibt nur noch knapp über Tausend Berggorillas auf der Erde. [19]

Martha ist eine unglaubliche Frau. Sie forscht seit über fünfundzwanzig Jahren an den Gorillas in Afrika, kennt jedes einzelne Tier des Nationalparks quasi persönlich und kann zu jedem eine kleine Geschichte erzählen. Die Biologin arbeitet für das Max-Planck-Institut in Leipzig, stammt aber ursprünglich aus Amerika. Sie ist eine toughe Frau, die uns alle sehr beeindruckt hat, denn Uganda ist immer noch ein Land, das sehr von männlichen Hierarchien geprägt ist – und sich dort als Frau durchzusetzen ist wahrlich nicht einfach. Sie wird aber tatsächlich überall geschätzt, und zwar nicht aufgrund ihres akademischen Grades, sondern weil sie einfach Mensch geblieben ist und sich auch um die arme Bevölkerung kümmert.

Andreas und Martha kennen sich seit zehn Jahren, und Andreas sorgt dafür, dass immer wieder Spendengelder gesammelt werden, um die Arbeit von Martha zu unterstützen. Dabei geht es nicht nur darum, die Tiere im Nationalpark zu schützen, es geht eben auch darum, die Bevölkerung, die rund um den Nationalpark lebt, zu unterstützen, sodass sie dem Artenschutz nicht entgegentritt. Ein Prinzip, das wir auf vielen unserer Reisen kennengelernt haben. Andreas sammelt mit seiner Mondberge-Stiftung vor allem Geld für Schulen und den Kauf von Lebensmitteln für die fürchterlich arme Bevölkerung vor Ort. Dies hat zur Folge, dass selbst die kleinsten Kinder schon Gorillas kennen und zu schätzen wissen. Sie alle empfinden es als ein Privileg, in der Nähe der berühmten Berggorillas zu leben, zu denen pro Jahr mehrere Tausend Menschen aus Europa und Amerika anreisen.

Mit den beiden unterwegs zu sein war immer unterhaltsam. Den stundenlangen Fußmarsch in Richtung Gorillafamilie versuchte Martha uns durch allerlei Geschichten, die sie über die Gorillas zu erzählen

Friedlicher Silberrücken bei der Futtersuche – manche Gruppen haben sogar zwei davon.

hat, zu verkürzen, und natürlich wollte Frank auch jede Menge Fakten wissen. So erfuhren wir zum Beispiel von Gorillafamilien, in denen es überraschenderweise zwei Silberrücken gibt. Ein weiteres Forschungsergebnis aus Marthas langjähriger Arbeit: Da sind zwar immer diese auffälligen Silberrücken, also die dominanten Männchen, die gefühlt die Chefs in einer Familie sind. Am Ende beruht ihre, nennen wir es mal »Macht« aber nur darauf, dass die Weibchen sie akzeptieren. Verliert ein Männchen den Rückhalt unter den Weibchen, wird es auch schnell seine Position in der Familie wieder los und durch einen anderen Silberrücken ausgetauscht. Wir scherzten herum, das sei ja alles etwas menschlich. Da legte Martha nach: 15 Prozent aller Babys, die in einer Gorillafamilie geboren werden, stammen gar nicht vom Silberrücken, sondern von einem Seitensprung …

Warum wir nun auf einem stundenlangen Marsch durch den Regenwald über Seitensprünge redeten, hatte einen Grund: Franks großer Traum war es, einen dieser bis zu 200 Kilo schweren Silberrücken einmal »live« zu sehen. Immer wieder hatte er diesen Wunsch in den vergangenen Jahren geäußert, und ich hatte ihn häufig ausgebremst, weil

Reinschmidts Tierfakten

Silberrücken – Ausdruck der Männlichkeit

Etwa ab dem zwölften Lebensjahr beginnt sich der Rücken des männlichen Berggorillas vom dunkelschwarzen in ein silbrig graues Fell umzufärben, was ihm den Namen Silberrücken einbringt. Dennoch heißt dies nicht, dass er damit seine soziale Stellung innerhalb der Familie verbessert, denn meist verlassen die jungen Männchen schon mit elf Jahren die Familiengruppe, streifen umher und suchen sich eine neue Sozialgruppe, in der sie eine Führungsrolle übernehmen können. Es kann oft einige Jahre dauern, bis ein junger Silberrücken zum Zuge kommt. Der dominante Berggorilla-Silberrücken führt im Schnitt seine Familiengruppe nur etwa 4,7 Jahre, bevor er von einem jüngeren oder stärkeren Silberrücken abgelöst wird. Der dominante Silberrücken schart meist mehrere Weibchen und seine Jungtiere um sich, aber auch andere nicht dominante Silberrücken, die darauf lauern, irgendwann die dominante Position in der Gruppe zu übernehmen oder diese schon abgegeben haben. Der silberne Rücken gilt als Ausdruck von Männlichkeit – das ist er aber allein schon deshalb, weil die Weibchen ihren schwarzen Rücken auch im fortgeschrittenen Alter behalten.

es mir zu schwierig erschien, den Tieren wirklich nahe zu kommen. Weil Uganda schon an sich nicht einfach zu bereisen war und weil die Tiere eben tief im Regenwald lebten und der Weg dahin extrem beschwerlich war.

All diese Argumente mussten Frank nun auf dem Weg zu den Gorillas durch den Kopf gehen. Wenige Tage zuvor hatten wir eine andere Gorilla-Expedition bereits abbrechen müssen, weil er den Weg nicht schaffte. Heute aber wollte er sich durchbeißen. Das hatte er uns allen vorher versprochen, und Matthias und ich taten alles dafür, dass er dies auch schaffen würde. Wir hatten eine Gruppe Träger organisiert, Menschen aus den umliegenden Dörfern, die sich mit einem strahlenden Gesicht darüber freuten, dass wir sie einen Tag lang dafür bezahlten, technisches Equipment und unseren Proviant durch den Regenwald zu tragen. So hatten wir die Hände frei, um Frank immer mal wieder zu stützen und ihm über verschiedene umgefallene Bäume und andere Hindernisse hinwegzuhelfen.

Matthias und ich hatten uns an diese Art der Hilfe gewöhnt. Immer wieder hatten wir Frank auf anderen Reisen unterstützt, durch unwegsames Gelände zu kommen, und wir machten es immer gerne – aber bei dieser Expedition war es wirklich nicht einfach. Bei unserem Aufbruch hatte Martha noch verkündet, dass die Gorillafamilie in etwa einer Stunde Fußmarsch zu erreichen sei. Dies hielten wir für machbar und begaben uns frohen Mutes auf den Weg – wobei dieser Weg mit keinem anderen Weg zu vergleichen war, den wir zuvor gegangen waren. Teilweise ging es im 45-Grad-Winkel steil die Berge auf und ab. Alle Wege waren fürchterlich glitschig und immer wieder halb überwachsen von Urwaldpflanzen. Nach etwa vierzig Minuten hatten die Ranger Kontakt zu den bereits vorgelaufenen Spähern – und wir erfuhren, dass die Gorillas deutlich weiter entfernt waren, als ursprünglich angenommen, mindestens zwei Stunden müssten wir noch laufen …

Frank haderte mit sich selbst. In immer kürzeren Abständen musste er Pausen machen und sich hinsetzen. Mehr als nur einmal glaubte er, es nicht mehr zu schaffen. Doch Matthias und ich halfen ihm jedes Mal wieder auf und erklärten ihm, dass dies die letzte Chance sei, die Gorillas auf dieser Reise noch zu sehen. Es war einfach nur bewundernswert: Frank raffte sich jedes Mal wieder auf, völlig verschwitzt vom Kopf bis zu den Füßen, und ging weiter.

Es war ein Höllenritt, man kann es nicht anders sagen. Am Ende dauerte es über drei Stunden, bis wir endlich bei den Gorillas waren. Doch dieser Moment war alle Strapazen wert, auf diesen unglaublich emotionalen Moment mitten in der Gorillafamilie hätte niemand von uns verzichten wollen, am wenigsten Frank.

Nur eine Stunde durften wir bei den Gorillas bleiben. Das war offizielle Vorschrift. Wir genossen jede einzelne Minute davon. Es war eine große Ehre, mit einer Wissenschaftlerin wie Martha vor einer derart bedrohten Tierart stehen zu dürfen und sie in aller Ruhe zu beobachten. Monatelang hatte es gedauert, die Genehmigung für diesen Dreh zu erwirken. Und jetzt war er nach nur einer Stunde vorbei.

Wir waren völlig verschwitzt und geschafft, aber beseelt wie lange nicht. Vor allem, als ich Frank erklärte, ich hätte ihm heimlich eine

Rückreise aus dem Regenwald auf ugandisch … [20]

ganz besondere Rückreisemöglichkeit organisiert. Denn seine größte Sorge war es natürlich, es jetzt zwar zu den Gorillas hin geschafft zu haben, aber nicht wieder zurück zu Marthas Hauptquartier zu kommen. Doch da war er nicht der Erste. Ich hatte erfahren, dass wenige Monate zuvor ein ugandischer Minister auch zu den Gorillas gebracht worden war. Dieser hatte Gehprobleme, und daher hatten sich die Einwohner einer nahe gelegenen Ortschaft etwas überlegt, um auch Menschen mit körperlichen Einschränkungen das Tiererlebnis bei den Gorillas zu ermöglichen. Sie hatten einen alten Autositz auf zwei Stangen montiert und ordentlich festgeschraubt, um ihn durch den Regenwald tragen zu können. Und nun hatten sie mir angeboten, es für ein nicht ganz unerhebliches vierstelliges Entgelt hinter uns herzutragen (ohne dass Frank es sähe), damit wir die »Sänfte« für den Notfall dabeihätten. Denn ein Hubschrauber könnte hier niemals landen. Ich nahm diese Hilfe natürlich total gerne an, und Frank nutzte sie schließlich für einen Teil des Rückwegs, aber nicht für den ganzen. Sobald er wieder zu Kräften gekommen war, lief er selbst zurück. Wie immer wollte er so viel es geht selbst schaffen. Hut ab!

Frank Elstner & Andreas Klotz

Frank Elstner:

Lieber Andreas, du kannst behaupten, mit mir die emotionalste Tierbegegnung meines Lebens gemacht zu haben. Wie ging es dir eigentlich bei deiner ersten Begegnung mit Gorillas im Regenwald?

Andreas Klotz:

Für mich war es damals auch eine sehr intensive Erfahrung, denn es hat sogar noch länger gedauert als mit dir, bis wir die Gorillas endlich erreicht haben. Viereinhalb Stunden haben wir uns durch den Wald steil bergauf und bergab gekämpft, sind völlig erschöpft bei der Gorillafamilie angekommen – und dann war ich sogar der Erste der Gruppe, der einen Gorilla zu Gesicht bekam. Plötzlich stand ein Jungtier vor mir – wie aus dem Nichts –, daran erinnere ich mich bis heute noch ganz genau.

Wie ist die aktuelle Situation der Gorillas in Uganda und den Nachbarstaaten?

In Uganda und in Ruanda sind über die Hälfte aller lebenden Berggorillas inzwischen habituiert, also an die Anwesenheit von Menschen gewöhnt. Diese Gorillafamilien werden nahezu täglich von Touristen besucht; seit der Coronapandemie herrscht Maskenpflicht, was auch in Zukunft beibehalten werden soll. Das wird zu einer noch höheren Sicherheit der Gorillas beitragen, denn die größte Gefahr ist und bleibt der Mensch beziehungsweise die potenzielle Ansteckung mit Krankheiten und der Lebensraumverlust durch Waldrodung und Wilderei. Viele Fachleute sind davon überzeugt, dass der sanfte Gorilla-Tourismus wesentlich zum Fortbestand dieser faszinierenden Lebewesen beiträgt.

Du hast mir Martha Robbins im Bwindi Impenetrable Nationalpark vorgestellt – wie habt ihr euch kennengelernt, und wie steht es um ihre Arbeit?

Ich habe Martha auf meiner dritten Reise nach Uganda (2009) kennengelernt, wir haben uns am Rangerposten in Ruhija getroffen, wo wir uns vorab per E-Mail verabredet hatten, um gemeinsam das Mondberge-Charity-Projekt zu starten. Sie hat sich schon damals sehr für die einheimische Bevölkerung engagiert, und wir unterstützen diese Projekte seitdem jedes Jahr.

Sie hat uns erzählt, dass es langsam wieder mehr Berggorillas gibt. Ist das eine echte Erfolgsgeschichte für den weltweiten Artenschutz?

Ja, das ist eine der wenigen erfreulichen Entwicklungen im Artenschutz. Aktuell leben offiziell mindestens 1060 Berggorillas in Ostafrika, davon knapp die Hälfte in Uganda, und der Rest verteilt sich auf Ruanda und die Demokratische Republik Kongo. Als ich anfing, mich damit zu beschäftigen, lag die offizielle Zahl bei 720, zu Zeiten von Dian Fossey, also in den Siebziger-, Achtzigerjahren des letzten Jahrhunderts, sollen es weniger als sechshundert gewesen sein …

Du unterstützt ja diverse Projekte in Uganda für Berggorillas – aber auch für die Menschen. Müssen wir die Hilfe für die Natur und die armen Menschen zukünftig besser »zusammen denken«?

Auf jeden Fall! Langfristiger Gorillaschutz funktioniert nur gemeinsam mit der einheimischen Bevölkerung, entsprechender Aufklärung und Beteiligung – auch finanziell. Nur wenn die Menschen rund um die Nationalparks etwas »abbekommen« vom Geld, das der Tourismus einbringt, werden sie die Gorillas und deren Lebensraum auch schützen helfen. Die besten Hilfsprojekte sind die, die den Gemeinden vor Ort eine zukunftsfähige Hilfe zur Selbsthilfe anbieten.

Was können wir in Europa für die bedrohten Menschenaffen Afrikas tun?

Wer den Ruf Afrikas vernimmt, sollte selbst wenigstens »einmal im Leben« dorthin reisen – am besten nach Uganda –, die Gorillas besuchen und eine absolut einmalige Erfahrung machen, einen wirklich magischen Moment erleben. Ein fester Teil der Einnahmen kommt dem Schutz der Gorillas direkt zugute – und alle Ausgaben vor Ort sowieso, das schafft Arbeitsplätze und Perspektiven. Und natürlich kann und sollte man spenden.

Die Wanderung durch den Urwald zu »unserer« Gorillafamilie war wohl das Schweißtreibendste, was ich je gemacht habe – mal kritisch und mit etwas Abstand: Wie hab ich mich geschlagen?

(lacht) Das wurde ich schon öfter gefragt, ich sage dann immer wahrheitsgetreu: »Frank Elstner hat sich absolut super und vorbildlich geschlagen und echt Ausdauer bewiesen!« Ich habe schon unter Fünfzigjährige jammernd und keuchend auf dem Weg zu den Gorillas erlebt, bei dir hatte ich nicht einmal das Gefühl, dass du aufgegeben hättest.

Dann habe ich das ja gut überspielt. Ich werde die Zeit in Uganda jedenfalls nie vergessen! Danke, dass Christian, Matthias und ich dich begleiten durften!

Danke, dass ich mit euch unterwegs sein durfte, und toll, dass euch Uganda so gut gefallen hat – ich habe, ehrlich gesagt, nichts anderes erwartet …

Unsere Reise im Januar 2020 nach Uganda war rückblickend betrachtet vermutlich das größte Abenteuer, was wir je gemeinsam durchgestanden haben. In vielerlei Hinsicht. Das Reisen in einem Land wie Uganda ist, wie gesagt, nicht besonders einfach. Doch das hatten wir eigentlich ganz gut geregelt. Mehrere Wochen bevor wir nach Uganda flogen, hatte ich Helmut Büttner kennengelernt, einen waschechten Bayern, der vor vielen Jahren nach Uganda ausgewandert war (in Lederhose!). Er entpuppte sich nicht nur als Experte für einen nachhaltigen Tourismus in diesem Land, er kannte sich auch ganz besonders gut mit den vielen Wildtieren aus. Schnell war klar: Dieser Bayer musste uns fahren – und das war eine absolut gute Entscheidung.

Zusammen mit Helmut plante ich an jedem Abend unserer Reise, was am nächsten Tag passieren sollte. Und natürlich gab es auch immer einen Plan B für den Fall, dass etwas nicht klappte – denn das war in Afrika quasi alltäglich. Nichtsdestotrotz stießen wir auf reichlich unvorhergesehene Herausforderungen. Dazu gehörten schwer zu befahrende Straßen, nicht leicht zu erreichende Hotels und Camps, immer wieder die Problematik, an Essen zu kommen, das auch für europäische Mägen geeignet war, und nicht zuletzt natürlich die undurchschaubare Bürokratie. Und die schlug schon am ersten Drehtag zu.

Primaten-Treffen im Zoo von Entebbe.

Wir hatten einen Termin im Zoo von Entebbe, der in den letzten Jahren zu einer Art Auffangstation für beschlagnahmte Wildtiere des Landes umgebaut worden war. Ein guter Grund für uns, dort unsere Reise beginnen zu lassen. Denn hier würden wir einen kleinen Überblick dessen bekommen, was in Uganda los war. Also stand ich zusammen mit

Helmut nur wenige Stunden nach unserer Landung vor dem Eingang des Zoos, um mit dem dortigen Direktor ein erstes Gespräch zu führen und den Dreh am nächsten Tag zu planen. Im Vorfeld hatten wir uns bereits um eine Genehmigung gekümmert und mehrere Hundert Euro überwiesen. Daran konnte sich aber nun auf einmal niemand mehr erinnern. Selbst die vorgelegte Quittung änderte daran nichts. Die Abmachung sei nichtig, hieß es. Erst nach langen Diskussionen gab es eine Einigung, wobei »Einigung« ein geschöntes Wort für das ist, was dann passierte. Am Ende mussten wir das Vierfache der ursprünglich vereinbarten Summe noch mal obendrauf legen. Helmut kommentierte trocken: »Willkommen in Afrika!«

Wenigstens kam dieses Geld sehr wahrscheinlich an der richtigen Stelle an, sagten wir uns, denn es diente dazu, die Arbeit der vielen Mitarbeiter in dieser Station aufrechtzuerhalten. Und die kümmerten sich wirklich mit Herz und Verstand um die vielen Tiere, die hier landeten. Zum Zeitpunkt unseres Besuches waren das etliche Reptilien, ein kleiner Elefant und vor allem sehr viele Baby-Schimpansen. Allein dass noch immer jedes Jahr etwa zweitausend Baby-Schimpansen gefangen und verkauft werden und unvorstellbares Leid ertragen müssen, nur um irgendwo als Haustier gehalten zu werden, macht die Arbeit der Tierschützer im Grunde unbezahlbar. Doch der Markt floriert. Immer wieder werden Tiere an den Grenzen Ugandas bei dem Versuch, sie ins Ausland zu verkaufen, von den Behörden beschlagnahmt. Die meisten Kunden für dieses illegale Geschäft stammen aus Asien und Russland.

Nach dem unerfreulich teuren Auftakt durften wir zunächst die vierzehn erwachsenen Schimpansen besuchen, die auf einer etwa fünftausend Quadratmeter großen künstlichen Insel im Zoo lebten. Bis heute ist noch immer ungeklärt, ob diese Schimpansen jemals zurück in die Freiheit entlassen werden. Das liegt nicht etwa daran, dass ihnen die Fähigkeiten dazu fehlen würden, nein, die Politik findet einfach keine Fläche, auf der die Tiere ausgewildert werden könnten. Zu dicht besiedelt ist Uganda inzwischen, und zu groß sind auch die Vorbehalte in der Bevölkerung, wilde Schimpansen anzusiedeln.

Bei vielen der Tiere merkte man, dass sie einmal Haustiere waren beziehungsweise sein sollten. Sie hatten keinerlei Berührungsängste mit Menschen, und auch wenn wir alle Schutzanzüge tragen mussten und darauf hingewiesen wurden, dass wir die Tiere nicht berühren sollten, kümmerten sich die Schimpansen um solcherlei Regeln nicht. Schon kurz nachdem wir das Gehege betreten hatten, belagerten sie uns geradezu. Zwei Schimpansen hatten es auf Matthias und Frank abgesehen und ahnten, dass die Besucher irgendwo ein Leckerchen bei sich hatten. Mit gutem Grund: Der Chef-Tierpfleger im Zoo von Entebbe war ein kluger Mann, er hatte in den Schutzanzügen von Frank und Matthias zwei große Handvoll Affen-Pellets versteckt, das sind besonders beliebte Futtermittel bei den Schimpansen. Das führte dazu, dass die Affen sehr schnell Gefallen an Frank und Matthias fanden und alle Taschen durchwühlten, um zu schauen, ob da noch mehr von den Leckereien steckten. Wir hatten jedenfalls sehr viel zu lachen in dieser einen Stunde, die wir auf der künstlichen Affeninsel verbringen durften. Und wir hatten das Gefühl, dass auch den Schimpansen diese Abwechslung in ihrem Zooalltag gefiel, vergaßen dabei aber nie, welche schlimmen Schicksale diese Tiere hinter sich hatten.

In jeder Sekunde, die wir hier zubrachten, merkten wir, wie hochintelligent Schimpansen waren. Kein Wunder, ihr Genom unterscheidet sich von dem des Menschen nur um 1,2 Prozent. Die Tiere hatten innerhalb von Sekunden herausgefunden, dass das Kamerateam und ich gar keine Leckerchen hatten, und kümmerten sich daher nur um Frank und Matthias. Sie wussten innerhalb von Minuten, wie sie Frank und Matthias zum Lachen und zum Folgen bringen konnten, und nutzten zum Beispiel Stöcke, um im Wasser schwimmendes Futter zu »angeln«. Wenn man das alles so sieht, wie ähnlich diese Tiere uns Menschen doch sind, versteht man noch viel weniger, dass es immer noch Jäger gibt, die Schimpansen töten, um sie als Bushmeat zu verkaufen. Ja, Schimpansen werden in einigen Teilen Afrikas noch immer gegessen, und das galt vermutlich auch für die Mütter der Baby-Schimpansen, die wir kurz danach treffen sollten.

Die kleinen Affen lebten in der Krankenstation des Zoos. Bei unserem Besuch gab es dort vier Tiere. Die immer fröhliche Tierpflegerin Barbara nahm uns mit in diesen Schimpansen-Kindergarten. Auch wenn man den Ernst der kleinen Schimpansen, die hier mutterlos aufwachsen mussten, ständig vor Augen hatte, musste man doch immer wieder lachen. Die Kleinen übten zu klettern und überschätzten dabei ihre Kräfte total. Sie stritten sich um die besten Früchte, kletterten an Hosenbeinen hoch, bevor sie merkten, dass am anderen Ende ja ein Mensch war, oder spielten »Fangen« mit ihrer Tierpflegerin. All das ging uns total ans Herz. Umso mehr wünschten wir diesen Tieren, sie könnten in der freien Natur in einer intakten Familie aufwachsen. Wie Barbara uns erklärte, hatten die vier kleinen Schimpansen aber noch Riesenglück. Üblicherweise dauerte es von der Ermordung ihrer Mutter bis zur Verschiffung nach Asien nur 48 Stunden, und dann sind die Tiere für immer in Gefangenschaft und müssen zur Belustigung von reichen Menschen ihr Leben in einem kleinen Käfig fristen.

Wie es aussah, wenn Schimpansen in freier Natur lebten, durften wir auf dieser Reise auch noch erleben, und zwar in der Kyambura-Schlucht in der Nähe des Queen-Elizabeth-Nationalparks. In dieser etwa einhundert Meter tiefen Schlucht, die von tropischem Regenwald bewachsen ist, lebte eine abgeschiedene Gruppe Schimpansen. Da die Schlucht längst von Weiden umgeben war, konnten diese Affen das Gebiet nicht mehr verlassen und sich deshalb auch nicht mit anderen Schimpansengruppen mischen. Seit Jahrzehnten lebten sie völlig isoliert. Niemand konnte voraussagen, wie lange das gut ging, sodass Wissenschaftler sich vor einigen Jahren dazu entschlossen, auch diese Gruppe von Schimpansen zu habituieren und Studien anzustellen.

»Da muss doch irgendwo ein Leckerchen sein in den vielen Taschen …«

Das hatte für uns den Vorteil, dass wir zusammen mit Rangerin Ruth die Gruppe besuchen durften. Der Abstieg in die Schlucht war erneut eine große Herausforderung für uns alle. Nicht nur, weil sie steil war, sondern auch, weil wir mit über 30 °C und hoher Luftfeuchtigkeit zu kämpfen hatten. In dem kleinen Flüsschen, das sich durch die

Reinschmidts Tierfakten

Sozial, sozialer, Schimpansen

Schimpansen sind wohl die mit dem Menschen am nächsten verwandten Menschenaffen, weshalb sich ein Blick auf deren Sozialleben lohnt. Sie leben in großen Gruppen von zwanzig bis achtzig Tieren, die sich aber oft auch in Untergruppen aufteilen. Während geschlechtsreife Weibchen die Familiengruppe verlassen, bleiben die Männchen meist ein Leben lang in dieser. Zwar tritt die Geschlechtsreife bei den Weibchen schon ab dem siebten Lebensjahr ein, aber aufgrund der Sozialstruktur der Gruppe kommt es meist erst ab dem dreizehnten Lebensjahr bei den Weibchen und dem fünfzehnten Lebensjahr bei den Männchen zur erfolgreichen Fortpflanzung. Im Gegensatz zu den Menschen, tritt bei den Schimpansenweibchen keine Menopause ein, sodass sie bis ins hohe Alter für Nachwuchs sorgen. Allerdings werden Schimpansen in der Natur meist nur zwischen dreißig und vierzig Jahre alt, während Tiere in menschlicher Obhut durchaus fünfzig bis sechzig Jahre alt werden können.

Schlucht schlängelte, entdeckten wir zu unserer großen Überraschung eine Gruppe Flusspferde. Mit diesen großen Tieren hätten wir in der schmalen Schlucht gar nicht gerechnet. Es gab zudem erwartungsgemäß viele Vögel, auch Flughunde und natürlich nervige Insekten. Und dann waren sie plötzlich da: die Schimpansen.

Genau genommen mussten wir sie gar nicht suchen, denn sie kreuzten einfach unseren Weg und ließen sich auch gar nicht weiter von uns beirren. Ein Tier schubste mich geradezu zur Seite, weil es unseren Trampelpfad benutzen wollte.

Immer wieder haben wir später diskutiert, ob wir das wirklich zeigen wollten. Immer wieder haben wir darüber nachgedacht, ob es nicht viel besser wäre, die Tiere einfach in Ruhe zu lassen. Doch die Reaktionen, die wir seit Jahren auf unsere Filme bekommen, beweisen genau das Gegenteil. Die Faszination, die Tiere in der Natur zu erleben, ihr natürliches Verhalten zu dokumentieren und den Menschen in Deutschland in Form von Filmen zu zeigen, bewegt unglaublich viel. Das wissen wir aus unzähligen Zuschauerreaktionen, die wir nach unseren Filmen bekommen haben. Das Verständnis und die Liebe zu den Wildtieren auf ganz anderen Kontinenten wird dadurch gefördert. Viele Menschen, die sich zuvor nie für den Artenschutz interessiert haben, lassen sich für dieses Thema gewinnen, eben weil es Menschen wie Frank Elstner gibt, die so begeistert sind von genau diesen Erlebnissen.

Der bei den Themen Tier- und Artenschutz häufig angewendete erhobene Zeigefinger und die vielen schrecklichen Bilder, die Tiere in ihrem Leid zeigen, sind vielleicht auch nötig, um die Menschheit aufzurütteln. Besonders viele Zuschauer, so ist zumindest unsere Erfahrung, erreicht man aber viel mehr durch Faszination. Das macht greifbar, warum es so elementar wichtig ist, die unterschiedlichsten Biotope der Erde zu schützen. Uganda ist ein Land, in dem man die ganze Bandbreite der weltweiten Artenschutzproblematik erleben kann. An der Grenze zur Demokratischen Republik Kongo gibt es noch immer Märkte, auf denen Wildtierfleisch angeboten wird, obwohl dies in Uganda längst verboten ist. An vielen Stellen sieht man chinesische Firmen, die breite Straßen in den Regenwald schlagen, um entlegene Gebiete an die Zivilisation anzuschließen.

Ein weiteres Problem konnten wir mit eigenen Augen betrachten, als wir mit einem Boot über den berühmten Victoriasee fuhren und uns fragten, was dieser grünlich blaue Schleier auf der Wasseroberfläche sein könnte, die der Kapitän auf Nachfrage als Algenblüte bezeichnete. Wenige Tage später entdeckten wir in einer Tageszeitung einen kleinen Bericht, der darüber Aufschluss gab. Darin wurde beschrieben, wie die örtliche Umweltbehörde herausgefunden hatte, dass es illegale Einleitungen von Arsen in den Victoriasee gegeben hatte, was zu einer großen Sterbewelle unter Wasser geführt hatte. Da hatten drei von fünf Mitreisenden bereits Fisch aus dem See gegessen …

Aber es gibt eben auch die positiven Entwicklungen. So findet man überall im Land Nationalparks, aber auch kleinere private Schutzgebiete, in denen sich um die heimischen Wildtiere gekümmert wird. Meistens ist der Auslöser tatsächlich der Ökotourismus. Wie so oft in Afrika ist dies auch hier eine der großen Triebfedern des Artenschutzes. Denn nur wenn Menschen aus dem Ausland kommen und viele Arbeitsplätze schaffen, sind die Wildtiere so »wertvoll«, dass sie wirklich geschützt werden.

Zum Beispiel im Lake-Mburo-Nationalpark. Der sieht ein bisschen so aus, wie man sich als Europäer eine Safaritour durch Afrika vorstellt. Eine klassische Buschsavanne von etwa 370 Quadratkilometern. Wenn man dort hineinfährt, wird man von Warzenschweinen, Wasserböcken und extrem vielen Zebras begrüßt. Über dreitausend Steppenzebras leben hier, und dass es so viele davon gibt, ist ein großer Erfolg, der direkt darauf zurückgeführt werden kann, dass sie nicht gejagt werden. Allerdings werden sie weder von Menschen gejagt noch von Löwen, die wurden hier nämlich ausgerottet. Von einer Erfolgsgeschichte zur nächsten Trauerstory in Sachen Artenschutz ist es eben nie besonders weit.

Nubische Giraffen beim Wiederkäuen im Lake-Mburo-Nationalspark.

Der Grund, warum wir in diesen abgelegenen Teil Ugandas fuhren und die Nacht in Zelten verbrachten, waren allerdings die Giraffen. Die gehören zu Franks erklärten Lieblingstieren und waren in diesem Nationalpark ebenfalls bereits einmal ausgerottet gewesen. Vier Jahre vor unserer Reise hatte man daher fünfzehn Exemplare wieder angesiedelt, elf Weibchen und vier Hengste. Auch das mit großem Erfolg! Durch den fehlenden Jagddruck hatte sich auch ihre Zahl inzwischen fast verdoppelt. Und so bot sich uns ein atemberaubender Anblick. Auf einer kleinen Lichtung lagen nicht nur einige der großen Giraffen, sondern auch viele Jungtiere. Manche waren erst wenige Wochen alt, konnten kaum über die Büsche gucken und mussten sich recken, um an die Blätter der Bäume zu kommen.

Diesen Anblick wollte sich Frank aus der Nähe gönnen, und das, obwohl unser Ranger ausdrücklich vor Schlangen gewarnt hatte, die hier sehr häufig in dem Gras unterwegs waren. Matthias und ich schauten uns fast etwas ungläubig an, als Frank mitteilte, er wolle trotzdem zu Fuß in Richtung der Giraffen gehen, um einen näheren Blick auf sie zu werfen. Und das war wirklich eine tolle Idee! Die Tiere waren gerade in einer Ruhephase, so erlebte man sie selten. Die meisten lagen im Gras, nur die gebogenen Hälse ragten heraus. Die etwa fünf Meter hohen Tiere waren also gerade am Wiederkäuen. Ähnlich wie Kühe würgten sie das gefressene Blattwerk (am liebsten von Akazien) aus dem Magen wieder hoch und kauten es erneut durch, um es dann endgültig zu verdauen. Dass wir so nah an die Giraffen herankonnten, lag natürlich daran, dass sie nie schlechte Erfahrungen mit Menschen gemacht hat-

Trotz Warnung vor Schlangen ging es zu Fuß zu den Giraffen-Babys. [21]

ten. Wie wäre diese Welt – fragten wir uns auf dem Rückweg mal wieder –, wenn nicht ein Großteil der Tiere Angst haben müsste, von Menschen erschossen zu werden?

Ganz ohne Vorwarnung gab es an diesem Abend auf unserer Lodge noch ein letztes tolles Tiererlebnis. Eigentlich hatten wir unsere komplette Technik bereits zusammengeräumt, um uns am nächsten Morgen möglichst früh auf den Weg Richtung Flughafen zu machen. Doch dann entdeckte ich sie. Am Rand des ebenfalls aus einem Zelt bestehenden Restaurants raschelte es in den Büschen. Neugierig ging ich hin und entdeckte zwei Buschbabys. Diese kleinen Affen haben nicht nur einen niedlichen Namen, sie sind auch unglaublich süß, aber streng nachtaktiv. Jetzt, in der späten Dämmerung, kamen sie langsam heraus.

Diese Art, die zu den Galagos gehört, ernährt sich vor allem von süßen Früchten und Insekten. Daher wahrscheinlich auch das Interesse an unserer Lodge. Die aufgestellten Lampen lockten absurd viele Motten und andere Insekten an, und das wird der Grund gewesen sein, warum sich die Buschbabys hier herumtrieben. Ich trommelte sofort alle zusammen. Diese kleinen Feuchtnasenaffen wollte ich nur zu gerne noch in unserem Film haben. Missmutig trotteten Frank und mein Kamerateam an, denn eigentlich hatte man sich auf einen ruhigen letzten Abend gefreut. Matthias dagegen war schon wieder Feuer und Flamme. Also bat er Frank, sich einfach hinzusetzen und zu genießen, was jetzt passieren würde.

Ich hatte zuvor am Buffet einige Bananen und Weintrauben geklaut und auf dem Handlauf eines kleinen Zaunes verteilt. Ich war mir sicher, dass die beiden kleinen Äffchen diesem süßen Duft nicht lange würden widerstehen können – und genauso war es. Schon nach kurzer Zeit zeigte sich das Männchen, das Weibchen folgte. Beide freuten sich über den gedeckten Tisch, und Frank war im Handumdrehen wieder versöhnt. Er saß nur etwa eineinhalb Meter entfernt von einem der süßesten Tiere dieses Planeten, das schmatzend eine Banane fraß. Besonders beeindruckend waren die ständig in Bewegung gehaltenen Ohren, die Beute, aber auch Feinde melden sollten, und natürlich die unglaublich großen Augen, die uns immer wieder anstarrten. Doch die Kleinen ließen sich davon überhaupt nicht beeindrucken, weswegen ich davon ausging, dass wir nicht die ersten Gäste waren, die in dieser Lodge Obst für die Affen stibitzt hatten.

Die Buschbabys waren die sechste Affenart, die wir auf dieser Reise erleben durften, und sie waren die kleinsten; die Berggorillas die größten. Faszinierend empfanden wir alle – in ihrer Unterschiedlichkeit, aber auch in ihrer Ähnlichkeit zu uns Menschen. Vielleicht hatte das unsere Reise durch Uganda so außergewöhnlich gemacht, dass wir bis heute besonders häufig davon berichten. Die Erlebnisse mit unseren nächsten Verwandten waren nicht nur einfach beeindruckend, sie haben uns auch daran erinnert, wie eng wir mit der Natur verbunden sind, wie sehr wir auf sie angewiesen sind und wie viel achtsamer wir mit ihr umgehen müssen! Nicht nur, um seltene Tiere wie Berggorillas, Nashörner oder Nubische Giraffen zu erhalten, sondern auch ganz klar aus Selbstzweck. Denn ohne eine funktionierende Natur kann auch die Menschheit nicht überleben.

Bildnachweis

Alle Fotos, die nicht separat aufgelistet sind:
DOCMA TV/Christian Ehrlich

[1], [3], [4–6], [8], [13], [16], [17]: Matthias Reinschmidt

[2]: Rafael Zamora

[7]: DOCMA TV/Joey Grit Winkler

[9–12]: DOCMA TV/Lars Schwellnus

[14]: DOCMA TV/Christiane Flechtner

[15]: Johannes Fritz

[18]: Montage: DOCMA TV/Andreas Klotz

[19–21]: DOCMA TV/Andreas Klotz

Aktiv werden

so unterstützen Sie Tiere

Die im Buch vorgestellten Projekte benötigen kontinuierliche Unterstützung. Über die Artenschutzstiftung Zoo Karlsruhe helfen wir diesen finanziell, um Tiere und Lebensräume zu retten. Spenden an die Artenschutzstiftung kommen zu 100 Prozent vor Ort an. Es gibt bei uns keine Abzüge für administrative Zwecke.

Die Spenden können allgemein an die Artenschutzstiftung getätigt werden. Wir verteilen die Gelder dann nach Bedarf.
Wer ein spezielles Projekt unterstützen möchte, vermerkt dies (zum Beispiel „Koalas“) im Betreff der Überweisung.

Artenschutzstiftung
Zoo Karlsruhe